図解 即 戦力 豊富な図解と丁寧な解説で、知識0でもわかりやすい！

アパレル業界の

しくみとビジネスがしっかりわかる教科書

これ1冊で

たかぎこういち
Koichi Takagi

JN040605

技術評論社

ご注意：ご購入・ご利用の前に必ずお読みください

はじめに

　この本を手に取っていただいた方は、当然ですが衣服を身に着けておられます。アパレル業界とは、みなさんが生まれてすぐに身を包む産着から始まり、思い出とともに巣立った学校の制服、初めて自分で選んだお気に入りの服など、人の一生に優しく寄り添う大切な衣服を扱う業界です。みなさんは販売されている衣服しかご存知ないでしょうが、1着の衣服があなたの手元に届くまでには、多くの人の想いが詰まっています。

　業界は、川の流れにたとえられ、大きく3段階に分かれます。川上と呼ばれる段階は、糸などの素材を生産する素材産業を指します。日本の素材生産企業は化学繊維の分野では世界の最先端で、グローバルに展開しています。世界市場で高いシェアを誇り、夢のような可能性を持っています。

　川中と呼ばれるアパレル製品の製造段階では、国内生産工場数は残念ながら激減しました。しかし、高い技術と日本人特有の生産ノウハウで、アジアを中心に現地の人と協力して工場を運営しており、アパレル生産は、アジアを中心としたサプライチェーンがますます拡大しています。

　そこで生産された魅力ある製品がウェブ上や店頭に並びます。この消費者への販売段階を川下と呼びます。川下にはEC販売に百貨店や専門店、量販店など、多様な業態があります。また、昨今ではユニクロに代表される川上から川下まで一貫して一社で扱うSPAと呼ばれる企業形態が急成長しています。

　本書では、みなさんがご存知のデザイナーやプレス担当者などの業務内容や特徴をわかりやすく解説しています。2020年のコロナ禍は、業界全体にサプライチェーンの効率化や新しい市場開拓など、大きな課題を突き付けました。急速に進む業界全体のデジタル化、サステナビリティに代表される消費者意識の大きな変化と、未来に続く可能性にも触れました。これからアパレル業界を目指そうとする方の参考になれば、筆者としては大きな喜びです。未来への広がりを見せるアパレル業界で、あなたが新たな扉を開いてくれることを願って。

タカギ＆アソシエイツ
代表　たかぎこういち

CONTENTS

Chapter 1

アパレル業界の現状と動向

Chapter 2
アパレル素材の生産を担う企業の業務内容

Chapter 3

アパレル製品を製造する企業の業務内容

Chapter 4

アパレル製品を販売する企業の業務内容

COLUMN 4

Chapter 5

アパレル業界の多様な職種と業務

Chapter 6

ファッション市場の現状と動向

Chapter 7

アパレル業界の新しい業態と将来像

第1章

アパレル業界の現状と動向

アパレル業界は、一般的には川上・川中・川下の3グループに分けて考えることができます。しかし、近年、アパレルを取り巻く環境は大きく変わろうとしています。それぞれの役割と方向性を俯瞰していきましょう。

アパレル業界の構造と課題と最新の動向

アパレル業界は、既製服を中心に、衣類の素材開発、製造、販売を行う企業で構成されています。最近では、衣類以外の分野へ進出する企業も増えていますが、市場の変化に対応した変革が求められています。

アパレル業界は3段階

「アパレル」とは、アパレル企業が作った既製服を指しますが、本書では衣類全般を指す言葉として扱います。ちなみに、ファッションとは衣類だけでなく、ヘアスタイルやメイク、服飾雑貨などを含んだ流行のことです。アパレル業界は大きく3段階に分けられます。糸や生地などの素材を開発する段階を「川上」、それらから製品を製造する段階を「川中」、製造した製品を販売する段階を「川下」と呼びます。アパレル業界には、ユニクロ（ファーストリテイリング）のように、素材開発から販売までを自社で一貫して行う企業もあります。それらの企業はSPAと呼ばれ、現在では標準的な業態の1つとなっています。

アパレル業界は現在、対象とする分野を広げています。たとえば「衣」「食」「住」の「食」の分野へ進出し、「衣」の観点から、見て楽しむ器や盛り方で「食」の提案などを行うライフスタイル提携型ショップが登場しています。「住」の分野でも、ニトリなどが「衣」のノウハウを採り入れた、部屋と家具のコーディネーションを提案しています。

変化への対応が求められるアパレル業界

利益率の高いビジネスであったアパレル業界も大きな変革期に面しています。従来の、需要を見込んだ製造方法や委託販売を前提にした販売方法、未消化商品をセールで売り切る前提の価格設定などが、現代には合わなくなってきているのです。2008年のリーマンショックで生まれたファストファッション企業が従来のアパレル価格を変革させ、消費者のアパレルに対する意識も変わりました。アパレル業界の市場規模は、1991年に約15兆円であっ

SPA
(Specialty store retailer of Private label Apparel)
製造小売業と訳される。素材開発から販売までを自社で完結させる業態を呼ぶ。米国サンフランシスコ創業のGAPが開発した業態。リスクもあるが、利益率は飛躍的に改善される。

コーディネーション
インテリアであれば色彩、質感、サイズなどを適切に調和させ、部屋全体をよりよく快適に過ごせるようにすることを指す。

委託販売
卸先の小売店で製品が売れた時点で仕入れが発生する販売形態。小売店側のリスクは低いが、小売店側の販売力が前提条件となる。

▶ アパレル業界の3つの段階

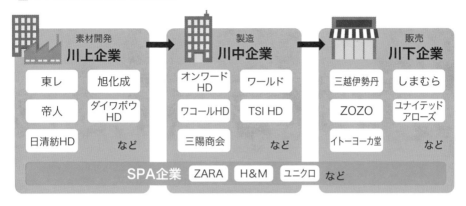

素材開発 川上企業	製造 川中企業	販売 川下企業
東レ　旭化成	オンワードHD　ワールド	三越伊勢丹　しまむら
帝人　ダイワボウHD	ワコールHD　TSI HD	ZOZO　ユナイテッドアローズ
日清紡HD　など	三陽商会　など	イトーヨーカ堂　など

SPA企業　ZARA　H&M　ユニクロ　など

▶ アパレル業界 売上高ランキング（2019年～2020年）

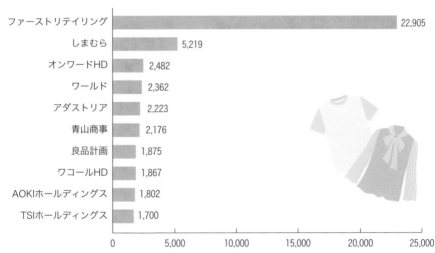

ファーストリテイリング	22,905
しまむら	5,219
オンワードHD	2,482
ワールド	2,362
アダストリア	2,223
青山商事	2,176
良品計画	1,875
ワコールHD	1,867
AOKIホールディングス	1,802
TSIホールディングス	1,700

単位：億円
※ファーストリテイリングはユニクロ海外売上分を含む。
出典：業界動向SEARCH.COM

たのが、2019年には約9兆円となりましたが、ユニクロ（ファーストリテイリング）の売上は世界第3位のGAPを抜き、世界第2位のH&Mを抜く勢いがあります。アパレル業界全体が不況なのではなく、縮小しているのは百貨店を主な売り場とする中価格帯のアパレル企業です。国内約2万社あるアパレル企業の生産・流通・販売などすべての段階での効率化が求められています。

ファストファッション
トレンドを反映しながら低価格に抑えた衣類を、短いサイクルで大量生産・販売するアパレル企業の業態のこと。ZARA、ユニクロ、H&Mが3大ファストファッションブランド。

Chapter1 02

業界発信と個人発信による 2つの流行

アパレル市場の発展に伴い、業界内では流行を生み出すシステムが確立されています。それとは別に、ストリートファッションなどの自然発生的に生まれる流行や、SNSをきっかけに生み出される流行などもあります。

流行は業界内の流行色の発信から

世界全体にわたるアパレル業界において、流行（トレンド）の情報は欠かせません。消費者の新しい需要を喚起し、購買に結び付けていくためには、業界全体の指針や方向性が必要となるためです。流行は、業界内の流行と業界外の流行に大別されます。

まず業界内の流行について、業界全体への流行情報は、販売時期の2年前に、インターカラーが社会背景や人々の気分などを反映し、「流行色」の情報を発信します。この情報を受け、世界140カ国でウールの品質を管理するザ・ウールマーク・カンパニー（国際羊毛事務局）や、繊維などの技術者の専門家集団であるコットン・インコーポレイテッドなどの素材専門機関が、素材の流行情報を発信します。さらにその半年後、世界的なネットワークを持つ欧米のトレンド情報会社から、具体的なビジュアルイメージ、素材やデザインなどの情報が加味され、「トレンド・ブック」としてさまざまな業界に発信されます。

インターカラーの情報発信から1年後には、世界各地で糸・生地の素材展示会が開かれます。それから半年後、クリエイティブ・ディレクター、デザイナー、アパレル企業などがそれぞれの感性やマーケティングをもとに新製品を開発し、ニューヨーク、ロンドン、ミラノ、パリ、東京などで春夏と秋冬の年2回、新作コレクションを発表します。これらの情報は、雑誌やネットニュース、SNSなどで消費者へ拡散され、アパレル市場を刺激し、新たな需要を喚起します。そして半年後、季節に合わせたアパレル製品が店頭に並ぶという流れです。

このように2年のサイクルで、流行色の発信から始まる流行創出が年2回のシーズンごとに繰り返されます。

インターカラー
（国際流行色委員会）
1963年に日本を含む11カ国が参加して発足。毎年6月と12月に社会背景や時代を反映した流行色に関する情報発信を続けている。

トレンド情報会社
欧米を中心に、ファッション情報、需要予測、製品情報、コンサルティングなどを提供する企業。

素材展示会
開催される展示会にはパリの「プルミエール・ヴィジョン」、イタリアの「ミラノ・ウニカ」などがある。

コレクション
アパレル業界では、デザイナーの毎シーズンの作品群を発表するショーを指す。

▶ 流行情報の発信と販売までの流れ

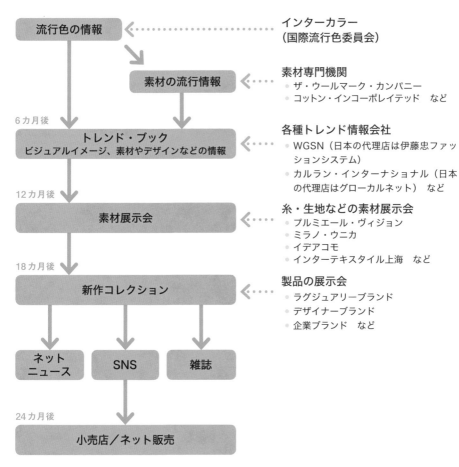

流行色の情報 ←·········· インターカラー
（国際流行色委員会）

素材の流行情報 ←······ 素材専門機関
- ザ・ウールマーク・カンパニー
- コットン・インコーポレイテッド　など

6カ月後

トレンド・ブック
ビジュアルイメージ、素材やデザインなどの情報 ←······ 各種トレンド情報会社
- WGSN（日本の代理店は伊藤忠ファッションシステム）
- カルラン・インターナショナル（日本の代理店はグローカルネット）　など

12カ月後

素材展示会 ←······ 糸・生地などの素材展示会
- プルミエール・ヴィジョン
- ミラノ・ウニカ
- イデアコモ
- インターテキスタイル上海　など

18カ月後

新作コレクション ←······ 製品の展示会
- ラグジュアリーブランド
- デザイナーブランド
- 企業ブランド　など

ネットニュース　**SNS**　**雑誌**

24カ月後

小売店／ネット販売

📍 SNSの拡散なども流行の発信源

　業界内の流行とは別に「**ストリートファッション**」もあり、ファッションカテゴリーの1つとして定着しています。昨今ではInstagramやPinterestなどのSNS、インターネット上の**コーディネートプラットフォーム**などからも流行が生まれています。

　個人が情報を発信できる現代では、SNSなどから拡散された情報が流行となるケースも増えています。世界的な流行によらず、今後は個人の斬新なスタイルなどが多岐に展開されていくことでしょう。流行の多様化も市場の傾向となっています。

ストリートファッション
業界が生み出すファッションとは関係なく、若者たちから自然発生的に生まれたファッションのこと。

コーディネートプラットフォーム
各個人が自身の服のコーディネート画像を自由にアップするサイト。WEAR（ZOZO）が代表的。

Chapter1 03

世界の人口が増え アパレルの需要が拡大している

世界人口は増え続けています。「衣」「食」「住」の「衣」を担うアパレル業界では、人口が増加すれば、消費されるアパレルも増加するといえます。求められる機能やジャンルなどを予測して市場開拓を行っていく必要があります。

若い世代の増加によりアパレル需要は伸びる

世界人口は、2020年の約78億人から2030年に85億人、2050年に97億人、2100年に109億人へと増えていくことが予測されています。特にアジア圏での人口増加と経済成長は、アパレル市場の拡大に大きな影響を及ぼすことが見込まれます。若い世代は比較的ファッションに対する関心が高く、アパレルの潜在需要になると考えられるからです。

日本では少子高齢化が進んでおり、国内市場の縮小は避けられませんが、新製品開発による新しい需要の開拓は可能です。たとえば、医療的機能を備えたアパレルや、介護業務を補助する作業着などの開発や実用化が進められています。

需要に合った市場開拓が必要なアパレル業界

アパレル業界は、異業種から参入しやすい業種でもあります。ニトリは成人女性を対象としたアパレルの開発・販売に参入しました。また、作業着専門店であるワークマンが作業着の機能性や低価格性を採り入れた新しいアパレルを開発・販売するなど、従来の垣根を超えた製品開発や新ジャンルの樹立などが生まれています。ユニフォーム専業メーカーで業界トップのミドリ安全も、日本ゴルフ協会と共同でゴルフウェアを開発するなど、国内のアパレルはファッション性だけを押し出すのではなく、機能性や専門性を重視した市場開拓が進んでいくと予想されます。

アパレルは、世界的に大きな需要の伸長が見込まれる業界の1つです。日本には開発力の優れた素材企業が多いため、日本の感性と丁寧な物作りにより海外市場を開拓できる可能性は大きいといえます。

世界人口
国際連合広報センターによる推計で、2年ごとに修正される。現在の人口ピラミッドは二等辺三角形で、若い人口が多いと将来のアパレル需要は増えると考えられるため、アパレル業界にとって適した形といえる。

アジア圏での人口増加と経済成長
日本を除いたアジア圏では若年就労人口が増えている。経済成長が続き、購買力も上がると予想される。

新ジャンル
従来の性別、年齢、職業、TPOなどによるアパレルの区別が、垣根を超えて融合することで創り出されるジャンルのこと。カジュアル化が進み、スーツはカスタムメイドが主流になると言われている。

▶ 機能性を重視した製品開発の具体例

◆ 険しい環境への耐性機能素材で作られたアウトドアウェア『フィールドコア』

写真提供：株式会社ワークマン

株式会社ワークマンは、作業服、つなぎ、防寒着をはじめ、安全靴、地下足袋、安全帯、ヘルメットなど、さまざまな仕事用の衣料を販売しています。そうした中、近年、機能性の高さとデザイン、低価格な点で注目を集める「フィールドコア」シリーズは、「プロの作業者」だけでなく、「一般の消費者」からも受け入れられる、機能性重視のアパレル商品です。

◆ 作業着とスーツの枠を超えた『ワークウェアスーツ』

写真提供：株式会社オアシススタイルウェア

株式会社オアシススタイルウェアは、水道事業の作業着のリニューアルをきっかけにアパレル事業を開始しました。撥水性が高く、蒸れにくく、すぐに乾く、という特徴を持つ新素材を使用した、スーツのような作業着として、ワークウェアスーツを開発、販売。ストレッチ性が高く、着心地がよいことから、全国の百貨店、セレクトショップで扱われています。

　これまでの業界には、シーズンごとに新製品を投入し、旧シーズンのものはセールで販売するという商習慣がありましたが、それも変化しています。従来の性別や年齢などによるマーチャンダイジング戦略は、ユニフォーム、スポーツ、アウトドアなどのジャンルを超え、融合していくと考えられます。新たな機能を備えたアパレル製品の開発により、新しい市場の形成が進み、海外での販売機会も増大していくでしょう。

マーチャンダイジング戦略
どんな商品を、いつ、誰に、いくらで、どのように販売するかという計画のこと。

Chapter1 04

価値観の変化に合わせた新たな販売戦略

高度経済成長期に求められた"モノの豊かさ"から、消費者意識は変化し続けています。モノを所有するよりも利便性や持続可能性などが重視され、"精神的な豊かさ"が求められるようになっています。

個人志向の価値観に対応した新たな販売戦略

服選びは、高度経済成長を背景に、高価な服や流行の服などの"モノによる満足"が優先されてきました。

野村総合研究所による「生活者１万人アンケート調査」（2018年）の調査結果では、人々の価値観に次の２点の変化があるとされます。１つは家族間でも互いに干渉しない「個人志向」が強まる傾向と、もう１つはスマートフォンの普及などによる「情報端末利用の個人化」の進展です。これらが消費者の消費行動に与える影響として、次の３点が考えられます。１点目は、女性の社会進出や健康に不安を抱える高齢者の増加などにより、購入の利便性を重視する傾向が強まることです。２点目は、インターネット上のコミュニティで同じ嗜好の人と情報交換を重ねると、個人志向へのこだわりがより強くなること。３点目は、家族ではなく外部とのつながりの拡大が、コト消費やシェアリングエコノミーの基盤になることです。

これまで、自分の服は自分で購入して着るのが当たり前でした。現在ではレンタル服を着て、気に入れば購入するという定額制のサブスクリプションサービスも普及しつつあります。また、ヨガウェアの販売だけではなく、レッスンイベントも開催し、"モノ消費"から"コト消費"として売上を伸ばす例やライブコマースなど動画やSNSを活用した新たな販売戦略も求められています。

大量生産・大量廃棄から持続可能性の時代へ

2013年４月、バングラデシュの首都ダッカ近郊にある商業ビルで発生したラナ・プラザ事故から、サステナビリティ（持続可能性）が大きな価値観としてアパレル業界全体に根付きました。

モノによる満足
第二次世界大戦後は、物質的な欲求の充足が幸福の代名詞であった。しかし、生活が満たされてくると人々は精神的な満足を求めるようになる。

シェアリングエコノミー
インターネットを通じて、個人が所有せずにモノや場所、スキルや時間などを共有する経済の形態。

ライブコマース
ライブ動画で商品を販売すること。動画視聴者はリアルタイムで質問やコメントができるので、実店舗で買い物をするような感覚を体験できる。

ラナ・プラザ事故
首都ダッカから北西約20kmにあるシャバールで、縫製工場が入った８階建ての商業ビル「ラナ・プラザ」が崩落。死者1,100人以上、行方不明者約500人、負傷者2,500人以上を出した事故。

▶ 「安さ」から「利便性」「プレミアム」への消費者意識の変化

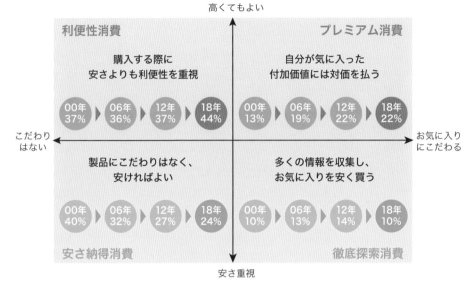

出典：野村総合研究所「生活者1万人アンケート調査」（2018年）

▶ 消費者意識に対応する販売戦略の例

近年、国連サミットで採択された「持続可能な開発目標（SDGs）」など、持続的な環境や社会などに対する消費者意識が高まり、購買動機においても、商品製造の背景や社会的意義などが求められるようになっています。

　石油業界に続き、二酸化炭素排出量が2番目に多いアパレル業界に対して、今後はよりパーソナルな多様性と、無駄のない生産システムが、消費者から求められるようになるでしょう。

SDGs（エスディージーズ）
2015年9月の国連サミットで採択された、2030年までに持続可能でよりよい世界を目指す国際目標。

Chapter1 05

消費者の購入方法の変化に対応する小売店

インターネットの普及により、店頭で製品を試着・購入し、自宅に持ち帰るという行為自体が変化してきています。現在では、消費者が自由に製品の購入方法や受取方法を選択できるオムニチャネル化が進んでいます。

店頭やネットに縛られない販売戦略

アパレル業界ではこれまで、店頭販売とネット販売は別のチャネルと考えられてきました。しかし昨今は、消費者意識の変化に伴い、オムニチャネルに大きく移行しつつあります。オムニチャネルとは、たとえば店頭販売とネット販売、自宅配送と店頭受取など、商品を購入して手元に届くまでのあらゆる手段を連携させて消費者にアプローチする戦略をいいます。その一例として、インターネットで商品を購入し、都合のよい時間に店頭で受け取る「C&C（クリックアンドコレクト）」があります。閉店時間を気にせずに商品を選んだり買ったりすることができ、技術の進歩により、オンラインの画像や映像を通して商品の細部まで確認できるようにすることで、試着できない不安を解消し、商品を選べるようになっています。また、オンラインで注文し、店頭で試着、お直しして宅配までしてもらえるサービスもあります。

オン・オフに対応できるコミュニケーション

今後は販売する企業ではなく、消費者を主体とした販売戦略が業界のスタンダードになっていきます。この流れに対応するため、企業側では在庫管理の一元化や在庫情報の共有などサプライチェーンの見直しや、変化する店頭業務に対応できる販売員や新たな販売戦略を立案できる経営幹部の育成なども必要になってきます。

これからは販売員一人ひとりが発信者となり、自社コーディネートの画像発信、新製品の映像発信、顧客とのSNSによる相互コミュニケーションなどが求められるようになります。そのために、販売員にはオンライン・オフライン共に対応できるコミュニケーションスキルが必要とされています。

オムニチャネル

店頭販売だけのシングルチャネルから、ネット販売やテレビ通販など複数のチャネルを持つマルチチャネルになり、複数のチャネルを連携させて消費者にアプローチするオムニチャネルへと発展してきている。

C&C（クリックアンドコレクト）

最近の消費者購入行動の一種。消費者が都合のいい時間にネットでクリックして購入し、自宅配送でなく都合のいい店舗を指定して商品を受け取る。企業側にも店舗在庫管理の面や通常配送ルートで商品を納品するので配送コスト面でメリットがある。

相互コミュニケーション

店頭での対面コミュニケーションから、SNSを活用した消費者との双方向のコミュニケーションへと進化している。

▶ オムニチャネルへの移り変わり

チャネル	シングルチャネル 従来の販売	マルチチャネル ネット販売併用	クロスチャネル 消費者が選択可能	オムニチャネル 消費者・小売店 ともに選択可能
購入手段	店頭来店・購入	店頭来店→購入 or ネット販売→購入 or 通信販売→購入	店頭来店：店頭購入／ネット購入／通販購入 ネット販売：店頭購入／ネット購入／通販購入 通信販売：店頭購入／ネット購入／通販購入	消費者のリクエストに沿った小売店側対応が可能
小売店側の対応と課題	店頭接客販売 休日には売上が発生しない	店頭販売 ネット販売 通信販売 チャネル別に個別に対応する必要がある	店頭販売 ネット販売 通信販売 小売店側は、チャネル横断の顧客管理ができない	消費者の利便性に沿った対応 チャネルすべてで共通の販促、購入履歴、商品などの管理が可能

▶ 購入行動別消費者のタイプ

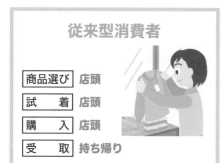

従来型消費者

商品選び	店頭
試　着	店頭
購　入	店頭
受　取	持ち帰り

チャネルスイッチ消費者

商品選び	ネット
試　着	店頭
購　入	店頭
受　取	宅配

チャネルスイッチ・リバース消費者

商品選び	ネット
試　着	店頭
購　入	ネット
受　取	宅配

ネット購入消費者

商品選び	ネット
購　入	ネット
受　取	宅配

Chapter1
06

百貨店販売チャネルの縮小と
ネット販売やCtoC市場の急成長

1990年をピークにアパレルの百貨店での売上高は縮小し続けています。アパレルの販売チャネルは、ネット販売やCtoC市場などにシフトしており、今後もアパレル販売の変化と多様化が進んでいくと予想されます。

SPAによる価格破壊と百貨店販売の縮小

　全国百貨店の売上高は、2018年に5兆8,870億円となり、1991年の9兆7,130億円と比較すると、約4割縮小しています（日本百貨店協会）。全国百貨店の売上高の約3割がアパレル業界の売上です。百貨店での販売を中心に展開しているアパレル企業は、1980年代に海外に生産拠点を移し、消化率が高く、収益力があり、内部留保も豊かにありました。それが厳しい市場縮小にさらされているというのが現状です。

　1999年にユニクロのフリースブームが起こると、SPA（製造小売業）によるアパレルの価格破壊が発生しました。SPAは、海外の工場で製品を製造し、直接仕入れ、自店で消費者に販売します。中間業者がいないため、低価格の設定が可能になります。一方、百貨店向けのアパレル企業は、製品の企画や製造を商社に依頼し、商社から製品を仕入れ、アパレル企業の社員が百貨店で販売するシステムです。もし、同じ工場出し値としても、百貨店向けのアパレル企業は、流通工程が多く、ロスを見込む必要があるため、価格が高くなってしまいます。

ネット販売やCtoC市場の急成長

　一方、Amazon、楽天市場、ZOZOTOWNなど、ネット販売チャネルは2000年代から成長を続けています。試着ができないなどのデメリットもありますが、時間や場所を選ばずに製品が見られ、価格比較ができ、購入した製品は自宅まで配送されるという利便性が、消費者に評価されています。また、家賃の高い一等地に店舗を構える必要はなく、ランニングコストも低く抑えられます。さらには、新型コロナウイルスの感染拡大を防止するうえでも、

消化率
販売数÷在庫数で算出し、商品をどのくらい売り切ることができたかを示す割合。

内部留保
利益剰余金ともいう。自社の営業活動の利益の中から蓄積された資産部分のこと。

フリースブーム
1998年ユニクロ初の都心店舗、原宿店オープンのキャンペーン商品として発売され、爆発的に売れて一大ブームとなった。

工場出し値
工場が取引先に販売する商品原価。

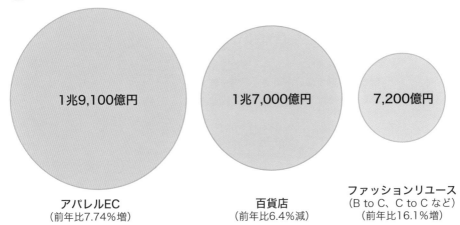

3つの国内市場規模を比較（2019年）

1兆9,100億円

1兆7,000億円

7,200億円

アパレルEC
（前年比7.74%増）

百貨店
（前年比6.4%減）

ファッションリユース
（B to C、C to C など）
（前年比16.1%増）

百貨店市場は年々減少傾向にありますが、新型コロナウイルス感染拡大をきっかけに、外商やリモート接客に力を入れるなど、百貨店も工夫を凝らしています

ネット販売やリモート接客などが強みを発揮することがわかりました。

　また、メルカリに代表されるC to Cの中古流通チャネルも成長しています。中古衣料（古着）はこれまでも一定の市場を形成していましたが、若者を中心に中古衣料に対する抵抗感はなくなってきています。インターネットを介せば、誰でも簡単に売買ができるプラットフォームを提供しているC to C市場は、著しい成長を遂げています。ECサイトの中には、新品購入時に中古品の買取価格が表示されるものまであり、リセール（再販）を前提とした購入もめずらしくありません。特に限定品などはプレミア価格が付きやすく、リセールを副業とする消費者も出てきています。今後のアパレル販売は、実店舗はなくならないものの、求められる機能が大きく変化し、多様化していくことでしょう。

リモート接客
対面ではなくZoom、LINE、Skypeなどを通しての接客方法。

C to C
Consumer to Consumerの略。企業や業者を介さず、消費者同士が直接取引を行う形態。

Chapter1
07

高度な技術が見直される
アパレルの国内製造

アパレル製造は、低賃金・大量生産などの理由で海外に拠点を移してきましたが、最近では国内製造も見直されています。価値観の多様化を背景にした小ロット製造や、ネット注文による単品製造などが増加傾向にあります。

アパレル製造の海外拠点の変遷

高度経済成長に伴い、1980年代から国内賃金が上昇し始めたことにより、アパレル製造は韓国や台湾、中国など、隣接する海外に拠点を移していきました。特に香港と地理的に近い広東省地域は、賃金が安く、地理的に管理しやすかったため、香港の縫製企業と日本企業の合弁で多くの大型アパレル工場が建設されました。日本企業は現地工場で製造方法や管理方法などを指導し、生地や副資材などを日本から供給して、輸出入は商社が担当しました。

1990年代に入ると、生地生産や副資材生産などの中国の現地企業が登場し始めます。中国は大規模な最新設備により生産性を向上させ、世界最大のアパレル製造国の地位を築きました。一方で、2011年、日本国内のアパレル製造シェアは1ケタにまで落ち込みました。

このように中国のみに拠点を集中させるリスクを避けるため、現在ではベトナムやタイなどの東南アジアに拠点を分散させる「チャイナプラスワン」が進んでいます。それにより、東南アジアのアパレル製造シェアが伸び、中国のシェアは2016年に68%まで下がっています（センケンjpb新卒）。

そうした中、2019年にはアパレル製造の国内生産比率が2%になり、また中国の賃金上昇やカントリーリスクなどを背景に、国内に拠点を戻すことが見直されるようになりました。今後は小ロットによる早期製造、高度な縫製技術、ネット注文による単品製造などにより、国内製造が復活する可能性もあります。近年は、縫製企業によるオリジナル直販といった動きもあります。

副資材
アパレル縫製時の生地以外の必要品。ボタン、ファスナー、芯地、裏地などの総称。(P.50)

カントリーリスク
海外企業と貿易などを行う際、相手国の政治、経済、社会環境などの変化により、企業が持つリスクと関係なく、相手国の情勢によってリスクを負うこと。

オリジナル直販
ファクトリーブランドとしてECサイトやポップアップショップ（百貨店や商業施設で、定められた期間のみ、仮設店舗で営業をする店舗のこと）などから消費者に直接販売する業態。

▶ 衣類の国内生産量の推移

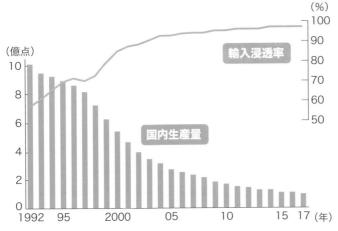

出典：財務省「貿易統計」、経済産業省「繊維統計」

 見直される国内製造

　海外で製造したアパレル製品が日本国内で店頭に並ぶまでには、流通コストがかかります。まず輸入を行うには、1点ずつ原産国や素材などのタグを縫い込む必要があります。また、ミシン針の混入を防ぐための検査も義務付けられています。さらに、特定の国を除き、輸入関税もかかります。

　昨今では、製造拠点が遠くなり、運送コストも高くなる傾向にあり、製品を港で荷揚げし、国内の各店舗へ配送するコストも値上がりを続けているため、国内製造へ回帰する傾向にあります。

輸入関税
国内産業の保護や財政上の理由から輸入貨物に対して課される国境関税をいう。国同士で複雑な協定があり、特定の国の輸入品は特恵関税で免税し、輸入促進を図るなどの施策もある。

👍 ONE POINT

製造業者のB to Cへの挑戦

　コロナ禍が、国内のアパレル製造業へのピンチをチャンスに変えました。コロナ感染拡大の影響により、国内のアパレル需要が落ち込み、製造業者は生産を止める事態となりました。そこで彼らは、世界中で不足していたマスクの製造に挑戦しました。既存の取引先から素材を仕入れてマスクを製造し、ネットで販売を開始すると、注文が殺到。初めてのB to Cビジネスの体験でした。現在は、自社ブランドの立ち上げや製品の多角化を図り、各社に新しい事業の可能性が芽生えています。

Chapter1 08

アジアに広がる アパレル製品の輸入

日本のアパレル産業は、素材の生地輸出は世界的にも競争力がありますが、アパレル製品としての輸出は非常に少ないのが現状です。一方、輸入はほとんどが製品となっており、中国が第1位で7割弱を占めています。

素材を輸出し、製品を輸入する日本

日本のアパレル業界の輸出入は、圧倒的な輸入超過が長年続いています。国際競争力のある糸や生地は日本の繊維関連の輸出額9,902億円（2018年）の約45％を占めますが、アパレル製品の輸出はわずかに5％強しかありません（残りの50％はその他の2次製品、原料、炭素繊維など）。一方、フランスは自国の繊維関連輸出額のうち、アパレル製品の輸出が66％、イタリアは同輸出が64％を占めています。

そうした中で、拡大するアジア市場に隣接している日本は、自国に高い生地開発力や縫製技術を持っている、アジア人は日本人と体型が似ているため国内製品と共通のサイズ展開ができる、などのアドバンテージがあることから、今後のアパレル製品の輸出増加に期待が高まっています。

製品輸入の中国依存からの脱却

日本が最も多くアパレル製品を輸入している相手国は中国です。1990年代に、アパレルメーカーなど、多くの日本の企業が中国に生産地を移転し、また中国現地メーカーも日本市場向けの輸出に注力したこともあり、中国は、アパレル製品の輸出において急成長を遂げました。

その後も、日本のアパレル業界の中国依存は続きましたが、中国の経済発展が進むにつれて、毎年生産コストが上昇したため、ついに2000年代からは中国以外の国からの輸入が増加しました。過去10年で見ると、日本の輸入全体に占める中国のシェアは、2007～09年までは数量ベースで9割を超えていましたが、その後低下し、2016年は7割を切りました。

生産地を移転
人件費の安いアジアの国に工場を移転させ、国内工場を縮小、閉鎖すること。

毎年生産コストが上昇
中国の最低賃金は国が定め、毎年人件費が上がり物価も共に上昇している。

▶ 主要アイテムの国別シェアと平均単価（2016年）

	中国				輸入第2位		
	数量	金額	平均単価		数量	金額	平均単価
ニット衣料	69.3	67.9	503	ベトナム	10.9	11.8	556
セーター・カーディガン	72.3	71.7	828	ベトナム	9.5	8.8	767
Tシャツ	53.5	48.4	275	ベトナム	20.7	25.5	374
布帛衣料	65.6	59.8	981	ベトナム	11.0	12.8	1255
紳士スーツ	50.9	54.0	7689	ミャンマー	12.9	9.1	5085
紳士パンツ	50.8	47.7	1091	ベトナム	16.3	17.5	1252
紳士シャツ	46.6	48.2	971	ベトナム	16.0	14.8	867
ドレス	75.8	50.8	1382	インド	9.8	3.8	799
スカート	79.2	72.4	971	カンボジア	5.2	4.0	815
婦人パンツ	64.2	62.5	951	カンボジア	10.4	8.8	830
ブラウス	70.0	67.0	874	インド	7.0	8.0	1051
ニット・布帛合計	68.2	63.8	656	ベトナム	10.9	12.3	789

単位：数量、金額は％、平均単価は円
出典：センケンjob新卒（2018年6月29日付）より改変

▶ 中国とそれ以外の衣料品の輸入点数シェア

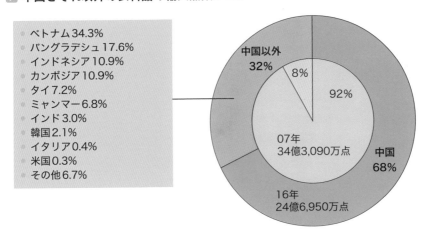

- ベトナム34.3%
- バングラデシュ17.6%
- インドネシア10.9%
- カンボジア10.9%
- タイ7.2%
- ミャンマー6.8%
- インド3.0%
- 韓国2.1%
- イタリア0.4%
- 米国0.3%
- その他6.7%

中国以外 32%

8%

92%

07年 34億3,090万点

16年 24億6,950万点

中国 68%

出典：センケンjob新卒（2018年6月29日付）

　一方で、インドネシアやタイは古くからのアパレル製品の生産国で、日本への輸出が定着しつつあります。ベトナムでは、開放政策路線以降、日本から技術指導や投資を受けた工場も多く、2016年には中国に次いでベトナムが第2位になるなど、中国以外の国が日本の輸入全体の約3割を占めるようになりました。

急成長するSPAと
ファストファッションの変革

従来は縫製メーカーなどが製品化し、卸業者が買い取って小売業者に販売し、小売業者が消費者に販売するという流れが一般的でした。現在ではSPA化やEC販売などの進展によりさまざまな業態が生まれています。

アパレル販売の業態の変化

アパレル販売は1990年頃まで、百貨店、量販店、一般小売店の3つの業態の棲み分けが明確で、商品供給は卸業者が行っていました。しまむらなどの専門店も、商品を卸業者から仕入れ、販売する業態です。

現在急成長しているSPA（製造小売業）の日本での始まりは、1970年代から80年代に社会現象となったDCブランドからといえます。マンションメーカーがショッピングセンターに直営店を出店し、製品を自社で製造して販売する業態が生まれました。

また、1980年代には、セレクトショップと呼ばれる、複数のメーカーやブランドの製品を独自の基準で取り揃えて販売する業態が確立します。現在ではこの業態も自社製品が50%を超えるSPA型に変化しています。

2000年代になると携帯端末やインターネットの普及が進み、インターネットを介して製品を購入する若い世代が増えたことで、ZOZOなどのネット販売企業が急成長しました。

一方で、百貨店や大型量販店の売上は1-06で解説したとおり、1990年代から減り続けています。百貨店を主な売り場とする中価格帯のアパレル企業は、2020年10月のレナウン倒産に見られるように苦境に陥っています。オンワードホールディングスは同年2月期に国内外の約700店舗を閉鎖したのに続き、同年8月期、2021年2月期にも国内外の約700店舗を閉鎖し、EC市場の売上を拡大して業態を変更することを発表しました。また、オーダーメード衣類の製造・販売でZOZOとも提携し、"製造機能を持ったEC販売企業"への転換を図っています。

DCブランド
1980年代に国内でブームとなった日本のアパレルメーカーブランドの総称。「DC」とはデザイナー（Designer's）＆キャラクター（Character's）の略。BIGI、ニコル、Y's、コムデギャルソンなどがラフォーレ原宿や渋谷パルコなどに出店した。

マンションメーカー
1980年代にブームとなったマンションの一室をオフィスにしている少人数のアパレル企業のこと。

セレクトショップ
複数のメーカーやブランドの製品を販売する業態のこと。ビームス、シップス、ユナイテッドアローズなどが有名。

▶ アパレル製品販売の主な業態

店舗小売業	百貨店	都心型百貨店
		郊外型百貨店
		地方百貨店
	量販店	総合スーパー（GMS）
		スーパーマーケット
	専門店	セレクトショップ
		SPA型
		ワン・ブランド型（ブランド直営店・ブランドフランチャイズ店）
		一般小売店（個人経営のブティックなど）
	コンビニエンスストア	コンビニエンスストア（下着など）
	ディスカウントストア	オフプライスストア
		アウトレット
		カテゴリーキラー（作業着など）
	その他	リサイクル、レンタルなど
無店舗小売業	通信販売	カタログ販売
		テレビショッピング
		ネット販売
	その他	フリーマーケット、訪問販売、自動販売機など

大きな岐路に立つファストファッション

　ユニクロは他社ブランドの製品を仕入れ、自社製品と一緒に販売していましたが、自社製品のみを販売するようになり、現在の業態に変化しました。

　現在のアパレル売上トップは、ユニクロやジーユーなどを保有するファーストリテイリングであり、完全なSPA型です。

　2008年からのファストファッションブームにより、価格帯の低いファストファッションと、価格帯の高いラグジュアリーブランドの二極化が、アパレル市場の大きな流れとなっています。

　2005年頃からファストファッションのワードが使われるようになり、その後10年で日本国内の外資系ファストファッション企業の店舗数が約2倍に増えました。しかし近年は、大量生産による低価格大量販売は、消費者のサステナビリティやエシカルな価値観の高まりにより、需要減を招いています。生産過程からの大変革が企業側に求められています。

ラグジュアリーブランド
ラグジュアリーとは「豪華な」「贅沢な」という意味。アパレル業界では、主に高額で贅沢な高級品ブランドを指す。代表例はルイ・ヴィトン、エルメス、シャネルなどがある。

業界の変革が進む中で求められる IT分野のスキル・知識を備えた人材

アパレル業界には、川上から川下まで、多様な専門職がありますが、コロナ禍で業界全体のDXが進み、従来にはなかったデータ分析やウェブデザイナー、プログラマーなど、IT分野のスキルを備えた人材が求められています。

◉ アパレル業界で活躍する専門職

アパレル業界には、アパレル流通の各段階に応じてさまざまな専門職があります。川上の段階では、繊維や素材、染色加工などの研究職が新製品を開発し、新しい市場を開拓します。

川中の段階では、市場動向や販売データなどの調査・分析から、各シーズンの販売予想を立て、デザイナーやMDなどがアパレル工場側に製造に対する細かな指示を与えます。工場側では、生産管理者が必要な生地や付属品などを揃え、パタンナーや縫製職などに計画に沿って指示を出し、製品を完成させます。海外から輸入する場合は、貿易実務者が決済や輸送手配を行い、通関後に国内の倉庫に納入されます。

製造された製品は、バイヤーの事前発注に基づき、倉庫に配送されます。入荷の際は、検品と値札などの流通加工が施され、DBが各アパレル小売店に最適な数量を振り分けます。その際、店頭消費に合わせた最適な入荷、追加納品、無駄のない在庫量などを予測し、全社的に在庫量の調整・管理を行う必要があります。

こうして川下の各小売店に商品が配送されます。各店舗では、販売スタッフが在庫保管場所に製品を配置し、店頭ではVMDがディスプレイやレイアウトなどを購買に結び付くように整えます。店頭への顧客誘導や売上アップを図るため、販売促進部門を設置している企業もあります。この部署では、販売促進計画に沿って、メディアへの発信、広告出稿、イベントの企画など、店頭とリンクした販売促進活動を行います。売り場のないネット販売企業の場合は、製品は店舗を通さずに消費者に直接配送されるため、倉庫を事務所としているケースも少なくありません。

MD(マーチャンダイザー)
製品や顧客動向、市場動向など、さまざまな調査・分析を行うことで、製品開発、販売方法、価格設定など製品化の計画立案を一括して管理する責任者のこと。
(P.144)

DB(ディストリビューター)
アパレル業界では、製品をそれぞれの店舗に振り分け、在庫調整を行う担当者のこと。

VMD(ビジュアルマーチャンダイザー)
消費者の購買意欲を喚起するため、店舗ディスプレイやレイアウトなどの計画を立て、売り場づくりを行うマーケティング担当者のこと。
(P.122)

▶ アパレル業界の主な専門職

川上	糸製造	研究開発職
		マーケットリサーチャー
	生地製造	テキスタイルデザイナー
		織機技術者
	染色加工	染色加工技能者
		染色機器技術者
川中	製品企画	デザイナー
		MD（マーチャンダイザー）
	製品製造	パタンナー
		縫製職
	製造管理	生産管理者
		ファッション専門通訳
	流通管理	貿易実務者
		DB（ディストリビューター）
川下	販売	販売員
		VMD（ビジュアルマーチャンダイザー）
		バイヤー
		販売促進
		販売サイト制作・改善
		販売データ分析
		ネット流通
		ランディングページデザイナー
		プログラマー

ネット販売の知識とスキルが求められる

　アパレル製造の各段階に応じて求められるスキルは多岐にわたり、専門学校などで身に付けておくものもあれば、現場で業務を進めながら身に付けるものもあります。現在では、新型コロナウイルスの感染拡大の影響や、データ分析による売上予測の精度向上などを受け、各社とも遅れていたネット販売の比率を上げることに注力しています。今後は、他業種と同様、販売サイトの制作や改善に強い技術者、データ分析の技術者など、IT関連の専門知識やスキルを備えた人材の需要が高まっていくと予想されます。

コロナ禍が引き起こした アパレル業界の新たな働き方

アパレル業界には約2万の企業があります。職種、地域、経験、年齢、雇用形態などにより給与体系は異なりますが、従業員のさまざまな価値観や働き方に柔軟に対応するための改善が図られています。

アパレル業界の給与体系と働き方

　従来は、本社業務は正社員、出店と退店が多い店頭販売業務は、契約社員と派遣社員が中心でした。しかし、2020年からのコロナ禍が雇用、給与体系にも大きな変化を生み出しています。大手アパレル各社は、販売職を除く業種の正社員の早期退職を実施し、「小さな本社」を目指しています。また、専門職担当者には出来高と報酬をリンクさせる流れが広がっています。常に人材不足である販売員にも変化が起こりました。店舗単位の売上から、販売員のSNSを通じた集客、販売に応じた給与体系へと見直しが進んでいます。

　また、地域間での給与差もあり、東京が最も高くなっています。ただし、東京では生活コストも高いため、地方との単純な比較はできません。東京での勤務経験を価値と考える向きもあり、現在でも都市部への人口流入は続いていますが、リモートワークや地方暮らしなどの需要が高まり、ワークライフバランスも大切な価値観として定着しています。

ワークライフバランス
仕事と生活の調和のこと。内閣府によれば、「誰もがやりがいや充実感を感じながら働き、仕事上の責任を果たす一方で、子育て・介護の時間や、家庭、地域、自己啓発等にかかる個人の時間を持てる健康で豊かな生活ができる」こと。

従業員満足とは

　顧客満足を第一に掲げてきたアパレル業界も、業界全体の人手不足や働き方改革等に対応するために従業員満足が課題となっています。具体例を挙げると、土日祝日や繁忙期の休日取得や、育児や介護との両立といった勤務体制の変化がカギとなるでしょう。商業施設においても従業員用手洗いや休憩室を改装し、より働きやすい環境作りや全館休館日の設置に努めています。

　小売業は通常、タイムシフト制で、休日勤務が避けられない傾向にあります。そのため、多くの川下のアパレル企業では、勤務

▶ アパレル企業の平均年収（2020年）

	企業	平均年収	平均年齢	平均勤続年数	従業員数
第1位	オンワードHD	983万円	47.9歳	22.7年	51人
第2位	ファーストリテイリング	900万円	38.3歳	4.6年	1,389人
第3位	AOKI HD	750万円	42.2歳	8.7年	102人
第4位	キング	651万円	42.2歳	18.3年	118人
第5位	ゴールドウィン	648万円	43.0歳	15.4年	679人
第6位	ダイドーリミテッド	647万円	51.9歳	25.1年	43人
第7位	シャルレ	646万円	45.1歳	19.2年	298人
第8位	ナイガイ	639万円	46.9歳	20.4年	125人
第9位	リーガルコーポレーション	638万円	47.6歳	24.7年	210人
第10位	デサント	615万円	40.5歳	11.9年	232人

出典：年収ランキングより著者が作成

▶ 主なアパレル職種別平均年収（2019年版）

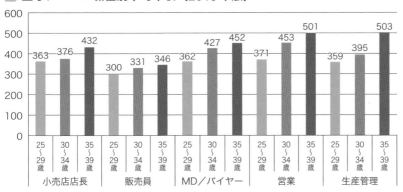

単位：万円
出典：ファッション・アパレル業界専門の転職支援サービス「CREDENCE（クリーデンス）」より著者が抜粋

時間などを柔軟に調整できるような体制がとられています。ショッピングセンターなどの**デベロッパー**は、顧客満足とともに従業員満足の向上にも積極的に取り組み、業界全体としての魅力を高めるべく、改善を図っています。

　最近では、正社員にはならずに、自身の積み重ねた実績をもとにフリーランスとして数社との契約形態で働く人も増えています。販売経験を活かし、**パーソナルスタイリスト**として複数の収入源により活動するスタイルも増えました。働き方の多様化が進むにつれ、それぞれの価値観やライフスタイル、ワークライフバランスなどで雇用形態を選ぶ時代となっています。

デベロッパー
大型の商業施設を開発する業者のこと。都市型、郊外型などにより施設への誘致企業は異なる。

パーソナルスタイリスト
個人のスタイリストが、顧客の社会的背景やTPOなどに合わせた最適な服装のスタイル、色、コーディネートなどをアドバイスする。

アパレル産業は世界的な成長産業

2020年の国内アパレル
ヒット商品

　国内アパレル産業の市場規模は1991年の約15兆円から2019年には約9兆円に縮小しました。今後も少子化と新型コロナウイルスによるニューノーマル（新しい常態）化で緩やかな縮小が続くと予想されます。しかし、2020年を振り返ってみると、マスク、医療用ガウンなどには驚異的な需要が生まれました。低迷していたジーンズメイトはアニメ「鬼滅の刃」のカジュアルウェアの公式展開で株価が高騰。ユニクロのコラボレーションブランド「＋J（プラスジェイ）」はオープン初日から行列ができ、ネットショップもアクセスが殺到し、即日完売商品が続出しました。

　アパレル産業の可能性はまだまだあります。さらに世界市場に目を向けてみましょう。

今世紀はアジア・オセアニア
の時代

　経営戦略コンサルティング会社ローランド・ベルガーの報告書によると、2015年に1兆3,060億ドル（約146兆円）だったアパレル産業の世界市場規模は、2025年には2兆7,140億ドル（約300兆円）へ成長すると予測されています（2017年1月）。この成長には、アジア・オセアニアの市場拡大が欠かせません。コロナ禍からの業績回復が早く、増益まで果たしたユニクロの最大の原動力はアジアでの店舗展開でした。日本のアパレル企業は、最大の成長市場であるアジアにすでに生産管理の基盤を築いています。

　アジア諸国は経済成長で所得増が続き、国民の平均年齢が若いこれからの国々です。ファッション不毛地域と呼ばれてきたオセアニアも、良質なウール素材を世界に提供するだけでなく確実な経済成長によるファッション市場の成長が期待されています。イギリス文化が根付いているのも可能性の1つです。

　アジア・オセアニアという成長市場を近くに持つ日本のアパレル産業は、素材開発力、丁寧な物作りの技術、先進的なデザインなど潜在的な可能性を秘めています。

第2章
アパレル素材の生産を担う企業の業務内容

アパレル業界において、アパレル製品を作るための素材、主資材の生産を担うのが川上と呼ばれる紡績・合繊メーカー、テキスタイルメーカーなどです。世界トッププレベルの技術開発力を生かして、アパレル企業との連携による商品開発にも取り組んでいます。

Chapter2 01

付加価値の高い素材を製造する明治創業の大企業

アパレル川上企業とは、糸や生地などの素材製造を行う企業のことです。明治政府が輸出産業として振興を図った紡績業を起源とする大企業が多く、現在では付加価値の高い製品開発力で他分野にも拡大しています。

高品質の糸を製造する大企業

日本のアパレル市場は2008年のリーマンショックで縮小し、2010年には9兆円を下回りました。その後、緩やかに回復し、2019年には9兆1,732億円となっています。

アパレル業界の「川上」で、天然繊維（P.38）における代表的な企業には、ニッケ（日本毛織）やトーア紡コーポレーション、帝国繊維やトスコなどがあります。社名に「紡」が付く企業は、もともとは紡績を祖業として、明治時代に創業した会社が多くあります。また、化学繊維（P.38）における代表的な企業には、東レ、旭化成、帝人、クラレ、三菱ケミカル、東洋紡、ユニチカなどがあり、現在では各社とも繊維以外のビジネスに拡大しています。もともと東レは東洋レーヨン（1926年創業）、帝人は帝国人造絹糸（1918年創業、人造絹糸とはレーヨンのこと）、クラレは倉敷絹織（1926年創業、のち倉敷レイヨン）といい、現在の社名はその名残りです。東洋紡とユニチカは綿紡績からスタートし、現在でも国内で質の高い綿糸を製造しています。糸を作る紡績には大規模工場のほうが効率がいいため、巨額な設備投資が必要となります。そのため、紡績や合繊といった企業には大企業が名を連ねています。

現在は海外からの輸入品に押され、国内製造は少なくなっていますが、長年培った品質管理力や技術力などを生かし、付加価値の高い素材を製造しています。たとえば、綿糸の原料は農産物の綿花、ウールの原料は畜産物の羊であり、天然素材から紡績するため、収穫された年や場所、保管状況などにより原料の性質に違いが出ます。これらの原料を混合や紡績手法などにより、一定の高い品質の糸に保てるのは、日本の紡績企業ならではの技術とい

紡績
繊維から糸を製造すること。原料となる天然繊維の綿花、羊毛、麻、蚕糸、化学繊維のステープルなど、比較的短い繊維を撚り合わせて糸を作る。

付加価値の高い素材
航空機や自動車向けの炭素素材が代表的。またアパレル用には涼しい、暖かい、速乾などの機能性素材が開発されている。

▶ 繊維業界 売上高ランキング（2019年-2020年）

	企業名	売上高（億円）	シェア
1	三菱ケミカルHD	10,816	26.9
2	東レ	8,831	22.0
3	帝人	6,338	15.8
4	旭化成	4,361	10.9
5	住江織物	915	2.3
6	ダイワボウHD	716	1.8
7	東洋紡	613	1.5
8	芦森工業	582	1.4
9	マツオカコーポレーション	571	1.4
10	倉敷紡績	515	1.3

※三菱ケミカルHDは機能商品事業、東レは繊維事業、帝人はマテリアル事業、旭化成はパフォーマンスプロダクツ事業、ダイワボウHDは繊維事業、東洋紡は繊維・商事事業、倉敷紡績は繊維事業の売上高。シェアとは繊維業界の規模（対象企業の44社合計）に対する各企業の売上高が占める割合。
出典：業界動向SEARCH.COM

えます。

　また、合成繊維（P.38）の中には、日本の企業だけにしか作れない貴重な繊維もあります。たとえば、スーツの裏地やインナーなどに使われている「キュプラ」という繊維を製造できるのは旭化成だけです。パルプと化学品を合成させたアセテートの一種「トリアセテート」は三菱ケミカルだけが製造できます。

● 紡績各社の事業展開の歴史

　19世紀末に官営紡績会社が次々と設立され、その後民間に払い下げられました。大阪は当時、「東洋のマンチェスター」と呼ばれるなど、日本は世界最大の紡績国でした。第二次世界大戦後は、東レとデュポン社の技術提携で化学繊維の歴史が始まります。1960年代には、各社がアジアに提携工場を建設し、製造・販売体制を築いていきました。1970年代のオイルショックなどの不況期には、紡績各社は事業の多角化に舵を切ります。1985年のプラザ合意の為替変動も乗り越え、現在では技術力を生かした付加価値の高い製品開発力により、アパレルだけではなく、医療、自動車、航空機にまで素材提供先を広げています。

プラザ合意
ニューヨークのプラザホテルで行われた先進5カ国（G5）蔵相・中央銀行総裁会議による外国為替市場の安定化に関する合意。その後、急激に円高が進行した。

Chapter2
02

原材料から糸を作り、生地にして染色・加工するまで

アパレル用の糸を製造するには大型設備が必要です。糸からテキスタイルとニット生地が生まれ、多くの加工過程を経て多様な素材（主資材）が完成し、川中の市場へと供給されます。

アパレル産業の原点は素材（主資材）生産

主資材
アパレル製品を作るための材料のうち、表生地のこと。

テキスタイル（布）
織物のこと。縦糸と横糸で織られてできる。

ニット生地
編んで作られた生地のこと。編み物全般を指す。

糸からテキスタイル（布）とニット生地を製造するまでには多くの過程があります。糸は天然繊維と化学繊維から作られます。天然繊維の綿や羊毛から糸を作ることを紡績といい、ほかに麻や絹、カシミヤなども原料となります。化学繊維は石油やパルプなどを原料に人工的に作られた繊維で、中でも、再生繊維、半合成繊維、合成繊維、高性能繊維、無機繊維の5種類があり、これらは合繊メーカーが作っています。化学繊維の一種である合成繊維は天然繊維の代替品として開発されました。合成繊維は石油由来の原料を使用し、化学変化で繊維の元になる物質を開発・製造します。主な合成繊維に、3大合繊と呼ばれるポリエステル、ナイロン、アクリルがあります。

主に自然繊維を糸にする紡績メーカーや合繊メーカーが作った糸を布にするのが機屋・ニッター（テキスタイルメーカー→P.42）と呼ばれる企業です。綿、毛など原料の種類により、さまざまな機屋・ニッターの生産地が日本や海外に存在します。糸を縦と横で組み合わせて作るのがテキスタイル（布）です。一方、一本の糸を編んで布状にしたものをニット生地、あるいは編み地と呼びます。セーターのように糸を編んでそのままできる製品だけでなく、編み上げたニット生地を裁断し、縫って製品にもします。たとえば、Tシャツをカットソー（Cut and Sewn）と呼ぶのは、裁断（cut）と縫い（sew）という工程から来ているからです。

カットソー
編み物の生地をカット（裁断）しソーイング（縫製）してできる製品の総称。

高品質なアパレル素材（主資材）を支える染色加工業

織り上がった生地に色を付け、さまざまな加工を施す工程を、染色・加工と呼びます。大手の紡績や合繊メーカーが自社の設備

▶ 服ができるまでの大まかな流れ

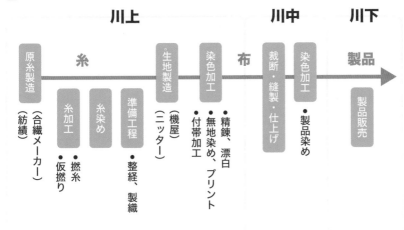

出典：センケンjob新卒（2018年2月16日付）をもとに筆者が作成

▶ テキスタイル（布）とニット生地

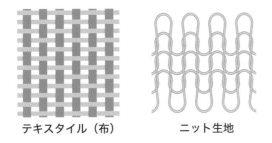

テキスタイル（布）　　　　　ニット生地

で行う場合と専門の染色加工業者が行う場合とがあります。糸の段階で染めたり、生地を染めたり、服の形ができてから染めたりと、さまざまな染色・加工の形があり、洗い加工をすることもあります。この工程では、単に布に色を付けるだけではなく、さまざまな柄をプリントしたり、生地を柔らかくするなどの風合いを出したり、防水加工や抗菌・防臭などの機能を布に付けたりすることもできます。こうしたさまざまな工程を経てテキスタイル（布）やニット生地の製品が完成します。こうした繊維素材の高度な加工技術があってこそ、日本のアパレル素材（主資材）は世界トップレベルの品質を誇っています。

洗い加工
水でデニムを洗う水洗い加工や、酵素などを用いて天然繊維を洗って仕上がりを変えたりする加工方法。

風合い
アパレルでは織物の手触りや肌触り、着心地など、人がものに触れたときに感じる質感のこと。

Chapter2 03

活発化する化学繊維の研究開発

糸は、原料となる繊維によって2種類に大別されます。それぞれ製造過程が異なり、関連する企業も変わります。ここでは、糸の製造過程と特徴、関連する代表的な企業などについて解説します。

📍 化学繊維は大企業がリード

アパレル製品の製造は、原糸を作ることから始まります。原糸には、原料となる繊維の長さに応じて「短繊維」と「長繊維」の2種類があります。代表的な短繊維は、天然繊維である植物繊維の「麻」「綿」、動物繊維の「ウール」「カシミヤ」などです。

短繊維を撚り合わせて作った糸を「撚糸」と呼びます。「撚り」とは、長さの不定な天然繊維を数本引き伸ばしてねじり、1本の長い糸にすることです。この工程を「紡績」と呼び、繊維ごとに製法が分かれています。綿紡績ではクラボウや東洋紡、毛紡績ではニッケやトーア紡などが代表的な企業です。綿糸や毛糸の国内生産量が縮小したことで、1970年代からアジアに工場を進出させ、現在では糸の製造販売から生地の製造販売やOEMなどに事業を拡大しています。

長繊維には、天然繊維の「絹（シルク）」、石油を原料とする化学繊維の「ナイロン」「ポリエステル」「アクリル」などがあります。化学繊維は人工のものなので、糸の表面や断面の加工、さまざまな物質の含有などを行い、機能性（消臭、保温、速乾、涼感など）を付加できます。化学繊維工場の運営には莫大な資金が必要なため、東レや帝人などの大企業が強い傾向にあります。販売先も大口取引可能な大手繊維商社（P.52）が多く、在庫は繊維商社側が持つのが業界の慣例となっています。

現在では、高度な機能性素材が産・官・学の協力で開発されています。そうした素材を用いて運動能力を最大限に引き出す競技用ユニフォームも進化を続けていますし、抗菌力の高い医療用衣服、体温や血圧の変化を記録できる衣服なども実用化されつつあります。

カシミヤ
中国、外モンゴル、アフガニスタンなど夏と冬の寒暖差が激しい山岳地帯に生息するカシミヤ山羊の産毛が原料。希少価値が高い。混入率や繊維の長さと細さで9級から1級のランク付けがされている。

OEM
Original Equipment Manufacturingの略で、依頼元のブランドからのデザインを製造する。販売の際は、依頼元のブランド名で販売をする。

高度な機能性素材
化学繊維の原料に機能材料を付加したもの。最新のナノテクノロジーやバイオテクノロジーにより研究開発が進む。

▶ 繊維の分類（代表的な素材）

天然繊維	植物繊維	綿	吸水性に優れ、肌触りもよく、低価格である
		麻	最古の生地。吸水・吸湿性にもすぐれ、汗をかいても快適
	動物繊維	毛（羊毛、獣毛）	しわが寄りにくい。保温性にすぐれる
		羽毛（ダウン、フェザー）	軽くたためる。内部の保温性にすぐれる
		絹	強度があり、染色が容易で美しい色と光沢に上品さがある
化学繊維	再生繊維	レーヨン	吸湿・吸水性があり、染色性にすぐれほかの繊維と馴染みやすく混紡・交織に向く
		キュプラ	吸湿・放湿性があり、優雅な光沢を持ち染色性もすぐれている
		リヨセル	木材を溶かして作られる繊維。縮みにくく仕上がりがソフトでコシ、張りがある
	半合成繊維	アセテート	絹のような美しく上品な光沢と感触がある
	合成繊維	ポリエステル	美しい光沢感があり極めて強い耐薬品性、強度を持つ繊維
		ナイロン	吸湿しないので乾きが早い。熱可塑性（熱を加えると、その形が固定される性質）がある
		アクリル、アクリル系	毛よりも軽い風合いがあり保温性がよく、ふっくらと暖かい感触
		ポリウレタン	ゴムのような伸縮性があり、天然ゴムとは違い染色性がある
		ポリプロピレン	プラスチック素材の一種で主に食器類などに使用されている
		ビニロン	親水・吸湿性があり、綿に似た風合いの繊維
		アラミド	繊維性能（強伸度、弾性率、比重、風合い、色など）を持ち、耐熱と防炎・難燃性もある
	無機繊維	ガラス繊維	ガラスが持つ耐熱・不燃・耐久性と、繊維が持つ柔軟性を併せ持ち、伸び縮みもしない
		炭素繊維	軽くて、すぐれた性質（高比強度、高比弾性率など）とすぐれた特性（導電性、耐熱性、低熱膨張率、化学安定性、自己潤滑性および高熱伝導性など）を併せ持つ21世紀の新素材
		金属繊維	しなやかさと、ねばりを持つ。適切な表面処理によって他材料との接合性にすぐれ、各種複合素材に適する

📍 特徴により多分野に活用される糸

　短繊維を撚り合わせて作った糸を「スパン糸」、長繊維を撚り合わせて作った糸を「フィラメント糸」と呼びます。

　スパン糸は綿や綿に似た風合いの生地と相性がよく、縫いやすいのが特徴です。フィラメント糸は、絹のような光沢があるのが特徴で、服地だけではなく、ストッキングやタイツ、強度があるので釣り糸などにも使用されています。

Chapter2 04

糸からテキスタイルとニット生地を作るテキスタイルメーカー

衣料品の主資材にはテキスタイルとニット生地があります。機屋は糸からテキスタイルを織る企業のことで、ニット生地はニッターと呼ばれる企業が編んで生産しています。

服地を製造する機屋・ニッター

　糸からテキスタイルを織る機屋とニット生地を編んで作るニッターを、テキスタイルメーカーと呼びます。衣料品の主資材であるテキスタイル（布、生地）とニット生地の企画・生産をしています。

　糸を縦と横で組み合わせてできるテキスタイル（P.39図）はまず、企画の通りの縦糸を作ることから始まります（整経）。企画に合った本数や密度・幅・長さなどを縦糸として巻き取ります。次に、シャトルと呼ばれる専用の道具で縦糸に横糸を通します（製織）。うまく通るかは前の工程で縦糸がまっすぐそろっていることが大事で、高い技術力が必要な作業です。

　ニット生地は編み図に沿って主資材を編みます。編み図がない場合は、デザイン画やおおまかな設計図から目数と段数を決め、編み図を作るところから始めます。現在、島精機製作所が全自動編機を開発しており、今後、ニッターの業務内容が変わる可能性もあります。

発注を受け企画・デザインから生産、販売まで

　テキスタイルメーカーは、テキスタイルコンバーター、アパレル企業、繊維商社から生地の発注を受け、企画・生産をします。まず、「企画・デザインの段階」では、競合他社ブランドのアイテム別の売れ筋、販売額などを反映したトレンドマップを作成し、市場調査やターゲット分析を重ねます。次に、糸の種類、織り方・編み方でどのような生地を作るかを決め、生地サンプルを作製します。発注元のイメージ通りの生地になるまで修正を重ね、納品します。また、展示会の開催や見本市への出展などで企画力、デザイン力のブラッシュアップが常に求められています。

編み図
編み物を作るための手順図のこと。編み物の横の編み目の数を目数、縦の編み目の数を段数と呼ぶ。

島精機製作所
和歌山市に本社を置くニッティングテクノロジーの世界最先端企業。2020年3月期の売上は連結で332億円。

テキスタイルコンバーター
各地の生地生産企業とアパレル企業の間に立つ生地卸企業。

トレンドマップ
さまざまな情報を見える化し共有する資料。アパレルでは、販売実績と予想、トレンド、価格、競合企業情報等を反映させる。

テキスタイルメーカーの業務の流れ（例）

生地の仮受注

↓

● アパレル企業、繊維商社、
　テキスタイルコンバーター

商品開発・研究

● 仮受注の依頼生産
● 自社生地のデザイン・企画
● 新製品開発
● 市場分析など

↓

サンプル作製

● 仮受注の生地サンプル
● 自社生地のサンプル

↓

確認・展示会開催

● サンプル確認・修正
● 色展開など決定

↓

受注（正式受注）

↓

製造（正式生産）

↓

納品

織機工場の様子

ホールガーメント®　ニット編機
写真提供：島精機製作所

近年、国内の主資材製造は縮小傾向にありますが、日本のテキスタイルの品質、デザインは世界的に高い評価を受けており、数々のラグジュアリーブランド（P.148）にも採用されています。海外の販売市場の開拓と特徴あるテキスタイル作りがさらなる成長のカギとなるでしょう。

見本市
パリのプルミエール・ヴィジョン、ミラノのミラノ・ウニカ、上海のインターテキスタイル上海が世界の3大ファッション素材見本市といわれている。プルミエール・ヴィジョン（2月と9月に開催）には、テキスタイル、副資材、レザー、図案、縫製、糸について、世界50カ国以上から1,000社以上が出展する。

Chapter2 05

織られた生地が
個性ある主資材となるまで

織られた生地はそのままでは付加価値は高くありません。染色や風合いなど、アパレル製品に特徴を付けるための加工など多くの過程を経て最後に整理され、完成品となるのです。

生地に付加価値を加える染色加工業

染色加工業は染色加工により生地に風合いや機能を加える役割があります。多くの染色加工は生地段階で行いますが、糸や合繊の場合は原料の段階、また、製品になってから染めることもあります。色柄を付けるだけでなく、肌触りをよくしたり、紫外線や洗濯、着用時の摩擦などから衣服を守ったり、吸水・速乾や消臭・抗菌といった機能を施して、付加価値のあるアパレル製品にします。

染色加工の工程と染色方法

染色加工ではまず、紡績などの段階で加えられた油剤や糊剤、作業工程で付着した機械油やさび、ほこりなど、さまざまな不純物を取り除くことから始まります。これを精錬といい、繊維の種類によって多くの精錬方法があります。

次に精錬後も残っている微量の色素や不純物を化学的に分解し、白くする漂白という工程があります。これらの準備工程を踏むことで、染色加工の効果を最大限発揮させることができるようになります。

染色は、無地のような均一に染める浸染と模様を付ける捺染（プリント）に分けられます。浸染は染料を溶かした染色液の中に生地や製品を浸して染色する方法で、捺染は印刷とよく似た原理で染料や顔料にノリを加えて生地に印刷し、蒸気や熱風で加熱し固着させる方法です。

染色後は、余分な染料や不純物を落とす洗濯処理、染色堅ろう度向上のためのフィックス処理や柔軟処理などの付帯加工や機能加工を施します。

染料や顔料
染料は水に溶け、色を持った物質で、天然染料と合成染料などがある。顔料は水やアルコールに溶けない物質の総称。

染色堅ろう度
色の落ちにくさや変わりにくさのこと。

▶ 染色工程例

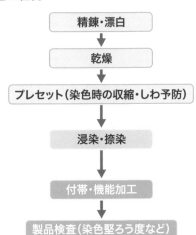

準備
- 精錬・漂白
- 乾燥
- プレセット(染色時の収縮・しわ予防)

染色
- 浸染・捺染

仕上げ
- 付帯・機能加工
- 製品検査(染色堅ろう度など)

▶ カラーインクジェット捺染プリンター

写真提供：エプソン

写真提供：エプソン

ニーズの多様化への対応や技術開発が課題

　近年はテキスタイル生産の海外移転に伴い、染色加工も海外に移りつつあります。最近は捺染技術もデジタル化が進み、カラーインクジェット捺染プリンターが開発されるなど効率化の明るい話題もあります。世界シェア第2位キヤノン、第3位エプソンと、日系企業が成長しています。海外の技術レベルが着々と上がってきている中、多様化するニーズに対応するビジネスモデルやさらなる技術開発が求められています。

テキスタイルやニット生地を販売・開発

テキスタイルメーカーの生地をアパレル企業に販売したり、発注元のリクエストに合ったテキスタイルを手配したりするのがテキスタイルコンバーターです。自社での企画・製造に乗り出しているところもあります。

アパレル企業に最適な生地を納品

　テキスタイルコンバーターとは、テキスタイル産地とアパレル企業の間に入る生地問屋のことです。アパレル企業の希望を産地の工場などに伝え、適した生地を納品する役割があります。

　また近年は、SPA（P.88）企業の台頭などにより素材供給、仕入れのしくみに変化が起き、素材決めから製品化までの期間が短くなっています。この流れを受け、テキスタイルコンバーターには生地だけではなく製品の供給も期待されています。

最適な生産体制とオリジナルテキスタイルの開発

各テキスタイル産地の特徴
国内生地生産地は各地に分散しており、ウールの尾州、化繊の北陸3県など地域ごとに異なった生地を生産している。（P.48）

継続的な発注
アパレル製造業は閑散期があるため、毎月の継続的な発注先が優先される。

　テキスタイルコンバーターがアパレル企業とテキスタイル産地を仲介することのメリットは、卸が全国に広がる各テキスタイル産地の特徴を熟知しており、アパレル企業など発注元が求めるテキスタイルに適した糸、織り、染色、加工などにおいて、最適な生産体制を組み、生地を完成させることにあります。さまざまな発注元の依頼をとりまとめる立場であり、テキスタイル産地の工場への継続的な発注やコストの抑制を図ることもできます。

　テキスタイルに色や風合い、機能などで付加価値を付けるには、高度な専門知識や経験、コネクションが必要とされるため、テキスタイルコンバーターの役割は大きいといえます。とはいえ、近年はテキスタイル産地自らによる情報発信や、専門の紹介サイトなどで、アパレル企業や個人のデザイナーがテキスタイルコンバーターを通さず直接取引するケースも増えてきています。自社での製品化も念頭に、生地をはじめとする材料の知識や確保力を生かした、これまでにないテキスタイルの創造やテキスタイルコンバーターオリジナルの商品開発がますます求められるでしょう。

▶ 全国に広がるテキスタイル産地

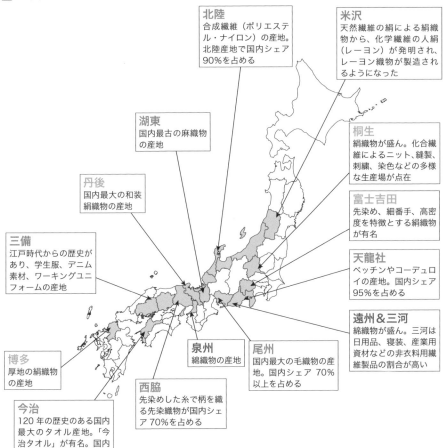

北陸
合成繊維（ポリエステル・ナイロン）の産地。北陸産地で国内シェア90％を占める

米沢
天然繊維の絹による絹織物から、化学繊維の人絹（レーヨン）が発明され、レーヨン織物が製造されるようになった

湖東
国内最古の麻織物の産地

桐生
絹織物が盛ん。化合繊維によるニット、縫製、刺繍、染色などの多様な生産場が点在

丹後
国内最大の和装絹織物の産地

富士吉田
先染め、細番手、高密度を特徴とする絹織物が有名

三備
江戸時代からの歴史があり、学生服、デニム素材、ワーキングユニフォームの産地

天龍社
ベッチンやコーデュロイの産地。国内シェア95％を占める

遠州＆三河
綿織物が盛ん。三河は日用品、寝装、産業用資材などの非衣料用繊維製品の割合が高い

博多
厚地の絹織物の産地

泉州
綿織物の産地

尾州
国内最大の毛織物の産地。国内シェア70％以上を占める

西脇
先染めした糸で柄を織る先染織物が国内シェア70％を占める

今治
120年の歴史のある国内最大のタオル産地。「今治タオル」が有名。国内シェア60％を占める

▶ 流通の変化

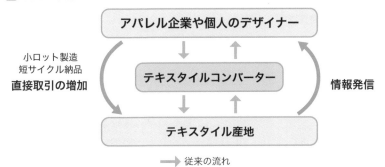

小ロット製造
短サイクル納品
直接取引の増加

アパレル企業や個人のデザイナー

テキスタイルコンバーター

情報発信

テキスタイル産地

→ 従来の流れ

Chapter2
07

地域ごとに特徴のある生地を生産

国内のアパレル川上企業は海外との競合により減少傾向にあります。国内の
テキスタイル産地も縮小をまぬがれませんが、地域ごとに歴史に裏付けられ
た特徴があり、地域ブランドとして確立している例などもあります。

減少を続ける繊維関連事業所

テキスタイル産地
各地域の歴史に特徴
付けられた製品が生
産されており、分業
に適した関連企業の
集積により、生産が
支えられている。

テキスタイル産地は、歴史に裏付けられた地場産業となってお
り、地域ごとに特徴があります。全国の繊維関連事業所は
11,000社でそのうちの11％をテキスタイルメーカーや染色加工
業が占めています（経済産業省「繊維産業の現状と経済産業省の
取組」より）。海外との激しい競争の中で生き延びている国内の
テキスタイル産地は、多くの事業所がそれぞれの機能を分担し、
地域内で特徴ある生地を作り上げることができています。

昨今、フランスやイタリアで毎シーズンに開催される国際生地
展示会への日本からの出店数も増え続けています。国際的にも評
価が高く、世界のラグジュアリーブランドがこぞって日本製生地
を使用しているといわれます。

日本を代表する北陸3県の取り組み

世界から注目を集めている生地に北陸3県の素材があります。
北陸3県が得意としている合成繊維は、製造工程で断面の形状加
工、異なる種類の繊維（ポリエステル、ナイロンなど）を同一の
繊維内で混紡するなどの処理が可能なため、生地の機能や品質は
技術力で大きく変わります。

混紡
種類の違った繊維を
混ぜて紡績すること。
違う繊維の長所を取
入れ、品質および価
格でよりよい糸作り
が実現できる。

北陸3県は独自の高い技術力を背景に、ラグジュアリーブラン
ドのファッション衣料、スポーツ衣料、産業用・医療用ユニフォー
ムといった、高付加価値な素材に注力し、新規需要を開拓してい
ます。また、自社企画力を高め、自社開発素材による新規受注、
自社ブランドの顧客への直接販売も試みています。繊維素材業の
国内生産は減少していますが、厳しい市場環境の中、グローバル
な未来を切り開いています。

▶ 織物生産数量シェア

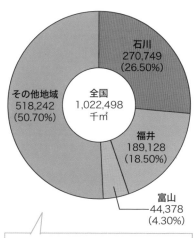

石川
270,749
(26.50%)

その他地域
518,242
(50.70%)

全国
1,022,498
千㎡

福井
189,128
(18.50%)

富山
44,378
(4.30%)

> 国内の生産量の約半分は北陸の合成繊維が占めており、織物では、自然繊維シェアが縮小傾向にある

出典：経済産業省「生産動態統計」（2017年）

▶ 染色加工数量シェア

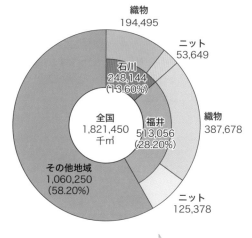

織物
194,495

ニット
53,649

石川
248,144
(13.60%)

織物
387,678

全国
1,821,450
千㎡

福井
513,056
(28.20%)

その他地域
1,060,250
(58.20%)

ニット
125,378

> 染色は、織物、ニット産地に必要な加工過程。産地に近い加工工場が多いため、織物シェアに似た傾向となる

出典：経済産業省「生産動態統計」（2017年）
※染色加工数量シェアは染色加工高を公表している石川、福井のみの記述。

北陸地方は、降水量が多く湿潤なため静電気が起きにくく、織物作りに適しています。17世紀に絹織物産地として栄えた背景から1920年代には人絹織物の生産輸出地となりました

戦後に合繊長繊維織物へと転換し1970年代には、世界最大の産地となりました。歴史的に合成繊維で世界をリードできる基盤が形成されています

👉 ONE POINT

合成繊維のシェアが伸びている理由

　合成繊維は、素材の配合、製造加工方法などで新たな価値を生み出すことができます。従来の自然素材の特徴を上回る機能を付加することで、これからもシェアを伸ばしていくでしょう。

Chapter2
08

グローバル化の波に乗る 副資材卸業

海外への製造拠点の移動に伴い、中国からアジアへと販路を拡大していったのが副資材卸業です。現在、アジアから欧米へも販路を広げており、グローバル化が進んでいます。

アパレル製品の製造に欠かせない副資材

アパレル製品は、生地だけでなく、縫い糸、ボタン、ファスナー、ネームタグ、芯地（ジャケットやネクタイなどの生地の内側に入れ、型崩れを防ぐ）、あて布など、さまざまな副資材が必要です。アパレル企業の製品作りを、テキスタイルメーカー、テキスタイル卸とともに支えているのが副資材卸業です。

1990年代にアパレル企業の多くが中国での製造比率を上げたため、多くの副資材卸も1990年代初頭から中国に副資材の製造拠点を移しました。また、工場に近い各地方都市に営業所を構え、日系アパレル企業とともに急成長を遂げています。

高品質で正確な納入は欧米でも高評価

現在、中国での副資材需要の急速な増大により、徐々に台湾や香港などの副資材メーカーや中国国内副資材卸が力をつけ、日本の副資材卸と競合するようになっています。そのため、日本の副資材卸も生き残り策をとっています。日系企業のすぐれたデザイン、安定した品質、正確な納期などを生かし、中国国内のアパレル企業や中国に製造拠点を移している欧米のアパレル企業への営業が成果を上げています。アイテムのバリエーション拡大や小ロット・短納期を可能にする生産システムを構築し、販売先も欧米にまで拡大しています。

今後は、アパレル生産国として成長するアジアでの需要拡大と、得意なハイエンドの副資材開発でラグジュアリーブランドなどへのさらなる浸透も期待でき、大きな可能性を秘めているといえるでしょう。

日系アパレル企業
日本企業から出資を受けている中国のアパレル企業もしくは日本へのアパレル製品輸出が主力の中国の工場のこと。

中国国内副資材卸
世界最大のアパレル輸出国の中国国内の資材卸会社。生産規模や売上で急成長し、日本企業との生産能力や価格面でも、差が拡大している。

小ロット・短納期
現地在庫の拡充、専属工場の開設等で従来は難しかった少量受注、早い納期を実現しつつある。

ハイエンド
最高級を指す。高価格、高性能、高品質志向の傾向や商品を呼ぶ。

▶ アパレル資材の分類

主資材		表生地
副資材	繊維素材	裏地、芯地、糸など
	服飾資材	ボタン、ファスナー、ホック・スナップ、テープなど
	商標資材	織りネーム（ブランドネーム）、下げ札

▶ 副資材（例）

ボタン

下げ札

縫製用糸

裏地倉庫の様子

写真提供：三景

👆 ONE POINT

世界最高品質の日本の副資材

　世界のファスナー市場の売上シェア40％を占めるのがYKKです。世界72カ国に進出するグローバル企業で、特に高級ファスナー市場でのシェアは特出しています。ボタンでの国内シェア第1位で、ボタンの博物館を運営するアイリスは、ボタンの品質管理、デザインで世界的に高い評価を得ています。また、欧米では包装にしか使われていなかったリボンを芸術品のレベルまでに高めたのが木馬です。その独創的な高級リボンは、世界中のデザイナーから注目されています。

Chapter2 09

川上、川中、川下すべてに かかわる繊維商社

繊維商社は、そのルーツ別に大きく3グループに分けられます。合繊系、江戸時代創業の名古屋系、日本最大の繊維集積地であった大阪船場系です。現在でも業態を変えながらアパレルの全工程を支えています。

アパレル業界を裏から支える繊維商社

繊維商社には、特定の専門分野に特化した専門商社と総合商社の繊維事業部があり、川上の素材から川下の小売までをカバーすることで、複雑なアパレル業界の流通構造を支えています。国内外の糸や生地、アパレル製品の仕入れや販売などを行い、海外ブランドの使用権を取得して商品を作るライセンスビジネスなども展開しています。

専門商社はルーツ別に3グループ

合成繊維を主に扱う合繊系繊維商社は、化学繊維メーカーの商社部門が製造部門と合併した専門商社を指します。最大手の東レインターナショナルは、親会社の東レとともにユニクロ向け素材が主力で、物流会社などを含め、幅広い業務範囲をカバーしています。

垂直統合型繊維商社の帝人フロンティアは、世界トップレベルの研究開発力を誇り、素材は大手スポーツブランドでも高いシェア実績があります。世界最高レベルの綿糸を持つユニチカトレーディングは鎌倉シャツとの協業でも成功をおさめています。

名古屋系繊維商社は、最も古い歴史を誇り、現在も創業家が経営する商社群です。繊維製品の売上が全社売上の50％を超え、**ODM**をリードしている豊島は1841年創業ながら、スタートアップ企業への出資にも積極的です。名古屋系の名門、1751年創業タキヒョーは高級テキスタイルに強く、欧米高級ブランドへ主資材を提供する一方、郊外型衣料専門店のしまむらへの最大のサプライヤーでもあります。

大阪船場系繊維商社は、日本の繊維産業の中心地であった**大阪**

垂直統合型
製品の開発から生産、販売に至る川上から川下までのサプライチェーンをすべて統合したビジネスモデルのこと。

ODM
(Original Design Manufacturing)
ODMは製品の企画から開発、製造までを行う。販売の際は依頼元のブランド名で販売をする。対してOEM (Original Equipment Manufacturing) は依頼元のブランドからのデザインを製造する。依頼元のブランド名で販売をするのはOEMと同じ。

大阪船場
大阪市中央区の地名。1980年代までは繊維問屋が集積し、繁栄していた。

繊維商社・商社の繊維部門ランキング

	企業名	売上高（億円）
1	伊藤忠商事	3,190
2	東レインターナショナル	3,186
3	帝人繊維・製品事業グループ（連結）	3,183
4	豊田通商（連結）	2,315
5	豊島	2,073
6	日鉄物産（連結）	1,509
7	蝶理（連結）	1,202
8	ヤギ（連結）	1,189
9	モリリン	1,108
10	GSIクレオス（連結）	1,098

出典：センケンjob新卒（2019年12月12日付）

商社の役割と川上から川下で関連する業態

川上					川中					川下		
●輸入販売	●海外の生地の素材（綿・羊毛等）	●最低取引量の多い糸メーカー（化繊・紡績企業）との大口取引	●海外企業の国内販売代理店契約	●海外ブランドのライセンス契約	●海外企業との合弁会社設立	●海外商品買付の輸入代行	●在庫生地の現物販売	●アパレル企業への出資・買収	●アパレル企業へのOEM供給	●生地・副資材の輸出販売	●海外メーカーの開発・紹介	●海外現地での管理・情報収集	●大手小売店PB（プライベートブランド）生産受託	●小売店チェーンへの出資	●卸・小売りへの直接進出
⋮	⋮	⋮	⋮	⋮	⋮	⋮	⋮	⋮	⋮	⋮	⋮	⋮	⋮	⋮	⋮
各素材産地企業など	化学繊維・紡績企業など	海外ファッション企業	海外有名ブランド企業	海外現地企業	専門小売店・アパレル卸商	アパレルメーカー、アパレル卸商など	アパレルメーカー、アパレル卸商など	アパレルメーカー、アパレル卸商など	アパレルメーカー、アパレル卸商、縫製企業	アパレルメーカー、アパレル卸商、縫製企業など	アパレルメーカー、縫製企業など	大手小売店	小売店	小売店、アパレル卸商

船場をルーツに持つ商社群です。東レの子会社である蝶理は北陸3県の化学繊維企業と太いパイプを持つほか、中国での事業展開でも強みを発揮しています。繊維商社から総合商社にまで事業を拡大したイトマンは、1993年に破綻し、社会問題化しましたが、住金物産（現日鉄物産）に吸収され、その繊維事業部として継続しています。

　アパレル企業の中には商社を挟まない取引をする動きもありますが、グローバル化が進む今、生産から小売りまでの垂直統合型ビジネスモデルが求められており、商社を中心とした大規模な業界再編が予測されています。

日鉄物産
日本製鉄グループの商社。鉄鋼製品・食糧・機械・繊維製品を扱う専門商社。

Chapter2 10

日本のアパレル業界を けん引する川上企業

厳しい市場環境にのみこまれ淘汰されてしまう企業と、チャンスを生かし急成長する企業との両極化が進んでいます。川上企業の世界トップレベルの技術力によるグローバルな展開が日本のアパレル業界の未来を切り拓きます。

グローバル化が進む川上企業

川上企業は現在、日本のアパレル業界の中で最もグローバル化が進んでいるといえます。単価の非常に低い副資材の卸業が商社並みの直売組織を拡げ、大きく成長するなど、日本のアパレル業界が川上の企業に学ぶべきことが多くあります。

川上が強ければ、川中・川下のアパレル企業も特徴ある製品の製造・販売が可能となります。ユニクロのベストセラー機能商品を思い起こせば理解しやすいでしょう。アパレル企業は新素材を用いた商品開発により新たに市場を創造することもできます。たとえば、着ているだけで治療用の医療情報が記録される服、着るギプスや着るだけで肩こりや筋肉痛が治まる服など、衣服が最も大きな臓器である「皮膚」に接することに着目し、機能性を拡大させるなど、想像以上の開発が行われています。

物作りの可能性を広げる「やりがい」

川上企業が求める人材は、職種によって専門知識が異なります。自由な発想で研究・開発に強い興味を持ち続けられる人、常に新しい情報を収集する好奇心旺盛な人、今までにない素材や副資材（ボタン、レース、リボン、ファスナー、刺繍など）を作ってみたいというセンスと意欲に溢れた人、遊び心のある人に「やりがい」を感じさせてくれる仕事であることは間違いないでしょう。また、営業職においては、原料価格の変化をその都度、商品価格に転嫁する必要があり、そのために取引先と交渉が頻繁に行われます。信頼関係を築けるコミュニケーション力はもとより、価格形成のしくみの理解や深い商品知識も必須です。国内営業だけでなくグローバルで多様な販売先に対応できる語学力も望まれます。

直売組織
代理店や第三者を介さずに直接取引する組織のこと。

ベストセラー機能商品
ユニクロのエアリズム、ヒートテックのように特別な機能素材を備えた商品。

> ■ グローバルオペレーション例

国内本社・研究部門

製品開発
- 最先端技術の開発・研究
- 高付加価値の商品開発
- 新製品製造工程の開発・実用化
- 既存商品のコストダウン研究

製造ノウハウなど
ソフト供与 ↓

↑ ローカル情報の
提供、生産の
コストダウン

海外拠点

販売
支社
（営業）
- 現地市場の開拓・情報収集
- グローバル人材の教育

製造
工場
（生産）
- 現地生産の最適化・
コストダウン化

繊維工場内の様子

☞ ONE POINT

アパレル業界ならではの資格
繊維製品品質管理士とは

　繊維製品品質管理士とは一般社団法人 日本衣料管理協会が認定する、繊維製品の品質管理に関する専門資格です。繊維製品の品質・性能の向上を図り、繊維製品の品質について消費者からのクレームを未然に防ぐのが役割です。川上から川下まで、アパレル製品の生産、製造や販売を行う企業の中で活躍することができます。

大きな可能性を秘めた国産テキスタイル

イタリア・テキスタイル産地の現状

かつて世界トップの座を誇ったイタリアのテキスタイル産地は、家族経営の小さな企業が数多くありました。しかし、昨今のイタリア産地には、グローバル化の名のもとに中国企業の巨大資本が投入されて、効率を追求し低価格の量産目的の工場拡大が続いています。中国の「一帯一路政策」に参加したイタリアでは中国系住民が急増しており、全土では約40万人に達するといわれています。地縁血縁社会である中国系住民の7割は、繊維産業の集積地の1つ、浙江省温州市の出身者が占めています。その多くが繊維関連工場で働き、ミラノには中華街が出現しました。また、イタリアは出生地主義のため、中国人妊婦が大挙押しかけています。出産費用は全額イタリア政府持ちで、ミラノの友人に聞くと、病院に中国の人々が押し掛け、人道的に断れない状態だそうです。

さらに追い打ちをかけたのが新型コロナ禍です。2021年になっても日本よりずっと厳しい都市封鎖が続いています。必要な外出時も申告書を持参。罰金も5〜12.5万円と高額で、サプライチェーンが分断されています。

国産のテキスタイルの海外進出

日本のテキスタイル産地には、企業間での分業システムが確立しています。かつてのイタリア同様、小さな会社がたくさんあることで何通りものテキスタイルの組み合わせパターンができるのが、日本のテキスタイル産地の強みです。

テキスタイル展示会のミラノ・ウニカや世界をリードするプルミエール・ヴィジョン・パリに出展する国産テキスタイルメーカーは素晴らしい評価と功績を重ねています。各産地別の特徴ある提案力、特に北陸3県の最先端技術により開発される新鮮な風合いの素材などは注目の的です。地理や言語の壁を越えて国産テキスタイルは特にラグジュアリーブランドにはなくてはならない供給産地に育ちつつあります。

第3章

アパレル製品を製造
する企業の業務内容

川中企業は、アパレル製品を作り、小売店へ卸すのが
主な役目です。アパレル流通においては川上と川下の
間に位置しますが、近年は製造、卸に限ることなく小
売りまでを行うSPA型への移行が目立っています。

Chapter3
01

アパレル製品を
生産・流通させる川中企業

アパレル川中企業には、糸や生地、副資材を手配してアパレル製品にする縫製メーカー、ニットウェアメーカーと、アパレル製品を小売店に卸すアパレルメーカーとアパレル卸商とがあります。業態は製造卸と製品卸に分けられます。

アパレル川中企業の主なプレーヤー

縫製メーカー
自社で企画、あるいはアパレル企業から依頼を受けて衣類などを生産する企業のことで、縫製工、裁縫工といった専門技術者がいる。

アパレル製品を生産するのは縫製メーカー、ニットウェアメーカーなどです。アパレルメーカーやアパレル卸商から発注を受けて製造します。この分野の国内企業の多くは、小規模の企業です。

業態には、「製品卸」と「製造卸」の2つがあります。製品卸をするアパレル卸商は、縫製メーカーやニットウェアメーカーが企画生産したアパレル製品を買い付けて、小売店に卸します。一方アパレルメーカーは、自社でブランドを持ち、商品企画を行って、縫製メーカーやニットウェアメーカーに委託して製品化したオリジナル商品を卸販売します。

ニットウェアメーカー
ニット製品の生産企業で、縫製メーカーと同様に、アパレル企業から依頼を受けて、ニット製品を生産する。

国内のアパレルメーカーとアパレル卸商のほとんどは製品卸で、海外のブランド品などを買い付けて国内の小売業に卸す輸入卸商社などもこちらに含まれます。

製造卸
縫製メーカー、ニットウェアメーカーがアパレル製品の企画から製造、製造した商品の卸まで行う場合を指す。

ビジネスモデルの多様化

アパレルメーカーはオリジナル製品を扱うため、他社製品と差別化が図れることもあり、卸販売だけでなく自社の直営店舗展開も容易という特徴があります。有名なところでは、東京に本社があり、パリ、ニューヨークなどに200店舗以上の直営店がある、コム・デ・ギャルソンがあります。

FC（フランチャイズ）
サービスを提供する側と受ける側で契約を結び、ロイヤリティを支払うことで商標の使用権や商品やサービスの販売権を得るシステムのこと。

アパレル卸商でも自ら運営する小売店と、他店への卸売という2つの販売チャネルを持ち、生産ロットを増やしてコストダウンを目指す企業が現れてきました。また、卸販売先と同じ店装などでFCの運営を始めたり、卸先にアパレルと親和性の高いヘアケア製品や服飾雑貨などを提案したりし、集客の貢献や新たなニーズの創出を試みるなど、ビジネスモデルが多様化しています。

▶ アパレル製品の生産と流通を担う川中企業のプレーヤー

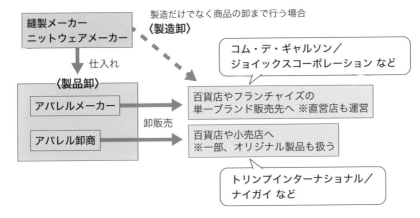

▶ アパレル卸商売上ランキング（2020年3月期・連結）

1	蝶理	3,293
2	ヤギ	1,189
3	GSIクレオス	1,155
4	タキヒヨー	588
5	マツオカコーポレーション	571
6	東エコーセン	456
7	モリト	455
8	神栄	411
9	小泉	410
10	小津産業	403

単位：億円

👉 ONE POINT
世界的評価を受けるコム・デ・ギャルソン

　日本を代表するクリエイター川久保玲がデザインし、1980代のパリコレで世界デビューしたファッションブランドです。西欧の華やかなモードが評価されていた時代に、穴が空いたセーター、ルーズで黒い服を展開し、「ボロルック」とも揶揄される一方、欧米の美意識の破壊に対する評価を得ました。常に過去を否定し、新たな美的価値観を生み続ける創作活動は、今も世界中のクリエイターからの尊敬を集め続けています。

Chapter3 02

アパレル製品が企画され製造されるまでの流れ

変化の激しい市場に合わせ、従来の1年単位で繰り返す商品製造と販売時期が短くなっています。そのためにサプライチェーンの構造改革や新しい販売方法の模索が続いており、受注後の製造なども試されています。

企画から展示会、製造スタートまで

アパレル川中企業は、アパレル（衣料品）を企画・製造し、卸売や直営店で販売する業態です。一般的なアパレル企業のサイクルを解説します。

まず、販売するアパレルの企画からシーズンが始まります。デザイナーが全体の**コンセプト**やテーマを決め、実売期の約1年前からそのコンセプトをもとに、サンプルを製作し、営業部門の意見も吸い上げて修正を加え、最終サンプルを完成させます。

実売期の半年前に展示会を開き、販売先や直営小売店などから受注し、その数字を見ながらMD（マーチャンダイザー）、営業部門などがカラー展開、数量などを決定します。決定に沿って製造部門が商社、工場、テキスタイルコンバーター（P.42）、**服飾資材卸**などへ発注し、生産委託先で製造がスタートします。

展示会後は、営業による既存取引先および新規取引先へのアプローチも必要となります。営業担当と販売促進担当がMDと販促物製作、広告出稿などを決定し、**プレス担当者**は商品リリース、各メディアへの掲載アプローチを実施します。

社会背景、トレンド、消費者意識を反映する

商品化が決まり製造が始まると、製品を卸先へ販売したり、直営店販売員・ECサイト担当者などへの商品説明会を実施したりします。物流部門が各店への配送、商品移動を担当します。MD、営業が日々の売上分析をしながら商品追加や新規商品投入を決定します。営業は販売計画の進捗を見ながら、MDとともに商品追加、投入を判断し、直営店の販売員ら全員で予算達成に努めます。

アパレル企業は、華やかな面と企業としての予算達成の両面が重

コンセプト
概念のこと。アパレル業界ではコレクション（デザイナーの作品群やショー）の全体イメージを指す。

服飾資材卸
表生地以外で洋服に必要な裏地や付属品などの副資材の卸業者の1つ。

プレス担当者
自社、自社商品などのPRや広告、イベントを企画・実施する業務担当者。（P.124）

▶ アパレル製品が作られる流れ

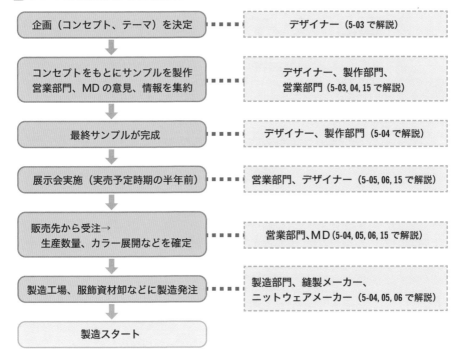

企画（コンセプト、テーマ）を決定 ┄┄► デザイナー（5-03 で解説）

コンセプトをもとにサンプルを製作
営業部門、MD の意見、情報を集約 ┄┄► デザイナー、製作部門、
営業部門（5-03, 04, 15 で解説）

最終サンプルが完成 ┄┄► デザイナー、製作部門（5-04 で解説）

展示会実施（実売予定時期の半年前）┄┄► 営業部門、デザイナー（5-05, 06, 15 で解説）

販売先から受注→
生産数量、カラー展開などを確定 ┄┄► 営業部門、MD（5-04, 05, 06, 15 で解説）

製造工場、服飾資材卸などに製造発注 ┄┄► 製造部門、縫製メーカー、
ニットウェアメーカー（5-04, 05, 06 で解説）

製造スタート

要です。アパレル業界では実需要ではなく仮需要を予想し、製品製造するリスクも存在するため、全従業員が社会背景、トレンド、消費者意識の変化を感じる必要があります。ひとりの有名デザイナーだけで成立する事業ではなく、多くのプロスタッフが一丸とならなければ企業としての存続・発展は不可能です。

👉 ONE POINT

世界から注目を集める日本人デザイナー

- ・レディス：SACAI（サカイ）の阿部千登勢、mame（マメ）の黒河内真衣子、HYKE（ハイク）の吉原秀明と大出由紀子、フミカウチダ　など
- ・メンズ：SACAI（サカイ）、アンダーカバーの高橋盾、ANREALAGE（アンリアレイジ）の森永邦彦、The Soloist. の宮下貴裕、GANRYU の丸龍文人　など
- ・ユニセックス：KURO（クロ）の八橋佑輔　など

商品によって特徴が表れる製造業務

アパレル製品は多種多様で、企画・素材手配・生産管理において重点を置くべき段階、かかわるメーカー、工場などがそれぞれ変わってきます。また、AIにより、分業が当然だった製造工程の集約化も進んでいます。

製品によって異なる企画・素材手配

　消費者の年齢、所得、嗜好など、多くの構成要素があり、それに合わせてシーズンごとに、コレクション（P.14）を発表する**モード系メーカー**や、同一品質で商品を作り続ける紳士服や学生服などの専業のアパレルメーカーもあります。

　ひと口に企画・素材手配といってもモード系メーカーの場合は、オリジナルデザイン、素材開発に重点が置かれますが、学生服などの専業のメーカーの場合は、デザインは同じでも天然繊維であるウールを、毎年**同品質・同色**で確保することに重点が置かれます。また、西松屋チェーンのような乳幼児向けの専業のアパレルメーカーでは、乳幼児に適した素材の品質選びがより大切になります。このように、企画・生産と呼ぶ過程も顧客対象によって大きく変わります。

AIで進む生産管理の効率化

　アパレルは工業製品でありながら、まつり縫い部分のように機械で製造できないパートがあり、現在まで、安い人件費を求めて製造拠点の海外への移転が続いています。その一方で、アパレル産業でもAIの導入が確実に進んでおり、縫製工場内での**作業進捗の見える化**や3D **CAD**（コンピュータ支援設計）化によりスピーディなデザイン画からのサンプル製作が実現しています。**パターンオーダースーツ**はその典型で、AI導入によって納期は短縮しています。

　また、縫製メーカーやニットウェアメーカーなど分業が基本である製造業では、ネット上の**プラットフォーム**での情報共有も進んでいます。例を挙げると、A店の店頭で販売されたTシャツの数量、サイズ明細などから1カ月後の必要枚数を予測し、製造のための素

モード系メーカー
モードとは流行のこと。アパレル業界では、毎シーズン新しいコレクションを発表するアパレル企業を指す（コム・デ・ギャルソンなど）。

同品質・同色
羊毛は天然素材なので毎年品質が異なる。それをミックスして同品質・同色の素材を安定的に製造するには高度な技術が必要となる。

作業進捗の見える化
AIやクラウドを利用したシステムを導入し、一元で管理できるようにすること。

CAD
パタンナーによって行われていた型紙製作作業を、コンピュータによって効率を上げるツール。

パターンオーダースーツ
何種類ものスーツのパターンが用意されており、顧客サイズに近いパターンを修正してスーツを仕立てる手法。

▶ モード系メーカーと学生服専業メーカーの年間スケジュール例

	1月	2月	3月	4月	5月	6月	7月	8月	9月	10月	11月	12月
モード系 春・夏物	今期 春・夏 納品 準備	順次 店頭 導入	来期 春・夏 デザイン コンセプト	素材 手配	サンプル 製作	サンプル 修正	来期 春・夏 展示会	サンプル 最終 修正	集計 生産 計画	生産 依頼	生産 管理	製品 最終 チェック
モード系 秋・冬物	サンプル 最終 修正	集計 生産 計画	生産 依頼	生産 管理	製品 最終 チェック	今期 秋・冬 納品 準備	順次 店頭 導入	来期 秋・冬 デザイン コンセプト	素材 手配	サンプル 製作	サンプル 修正	来期 秋・冬 展示会
学生服	納品 準備	学校と 摺り 合わせ	採寸・ 納品 完了	学校別 アプ ローチ	各 見本 作製	新学期 向け 展示会	学校別 営業	納品 着数 集計	素材 手配	生産 依頼	生産 管理	納品 着数 調整

▶ 2021年AWコレクション

写真提供：KURO

モード系とは、毎シーズン変化するブランドを指す（学生服や紳士服などの逆）。代表的なモード系ブランドには、コム・デ・ギャルソン、ヨウジヤマモト、サカイ、メゾン マルジェラ、セリーヌなどがある。

材を手配をすることが可能となります。従来の、各段階で集計してから受注をかける生産手配より、工場稼働率予測精度は高くなり、結果、コスト減も可能となります。生産管理の手法も進化しており、川上の素材メーカー、テキスタイルメーカー、染色加工業など、多くの専業企業が集積する生地生産地では、独立企業間での一括管理システム導入や自社で製品化を完結する動きもあります。

　販売価格の下落が続くアパレル業界では、無駄をなくし、生産性の向上を目指す動きが進んでいます。

プラットフォーム
アパレル商品や関連する情報を集めそれらをウェブ上で共有できる「場」を提供するビジネスモデルやサービスのことを指す。

稼働率予測
同一の設備の稼働率を予測すること。稼働率が高ければ高いほど工場生産性は向上する。

Chapter3 04

多層のアパレル流通構造を支えるアパレル卸

アパレル卸は、アパレルメーカーとアパレル卸商が担っています。アパレル製品が消費者の手に渡るまでのモノとお金の流れを円滑にするのがアパレル卸であるアパレルメーカーとアパレル卸商の主な機能です。

アパレル卸が担う物流と在庫管理

アパレル卸
アパレルメーカーとアパレル卸商を指す。

アパレル卸（以下、卸）には、自社から各取引先に受注商品を納品する「物流機能」があります。納入方法は取引先によってさまざまで、自社で物流倉庫を持つ大手小売店やEC販売企業には、指定された倉庫に製品を届けます。売り場が多岐にわたる百貨店には、指定納品代行業者の倉庫へ届けます。路面店やショッピングセンター内の店舗には、運送業者に発注し、各店舗に届けます。

指定納品代行業者
仕入れ先ごとの納品ではなく代行業者倉庫にて一元管理されて売り場に届けられる納品システムを持つ業者のこと。

物流機能に隣接する「在庫管理機能」も、卸の機能の1つです。多くの小売店は店舗に在庫を置いておくスペースがないため、販売商品の期中追加在庫、時期に合わせた新商品などは、卸が自社倉庫で預かり、需要に合わせて店舗に追加納品をします。

期中追加在庫
商品の実需要時期に追加納品するために用意する在庫。

売り場を活性化させる金融機能と情報提供

追加納品
期中に予想より売れ行きがよい商品を追加生産し、各店舗に再納品すること。

アパレル業界では、委託取引が行われます。これには2種類あり、1つは、百貨店の場合に行われる「買取委託」で、支払いは翌月に起こすものの返品の際は支払い額から差し引いて支払います。百貨店は在庫リスクなく、売り場を活性化できますが、卸側のリスクが大きくなるため、リスク分は小売価格に上乗せされ、高くなります。もう1つの「完全委託」は販売分のみ支払いが発生します。

委託取引
商品は卸先在庫のまま売り場に投入。販売時に仕入れが起きる販売形態。卸値は高くなる傾向。

百貨店ではなく、通常の小売店は買取取引なので、売れ残りのリスクを小売店が負い、そのかわり低価格で販売されます。卸には、こうしたお金の流れを作る「金融機能」があります。

買取取引
商品は小売店の発注により納品された時点で小売店側の所有となる。卸値は安くなる傾向。

最後が「情報収集・提供機能」で、これは川中の中核を担うアパレルメーカー、アパレル卸商に集まる同業他社の情報、流行、売れ筋情報などを、川中だけでなく、川上、川下に提供することで、業界全体の活性化を図る機能です。

▶ アパレル卸の機能

物流機能　小売店からの商品の発注を受け、メーカー（縫製、ニットなど）に依頼し、納品してもらう。

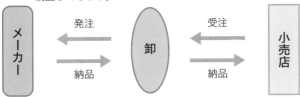

在庫管理機能　小売店からの受注商品を、依頼に合わせて分納する。納品前の商品を見込み在庫として自社倉庫で保管し、追加発注に対応する。

金融機能　百貨店の場合は通常、委託取引となり、返品が発生すると、その分の代金を返却する。小売店は通常の買取取引となる。

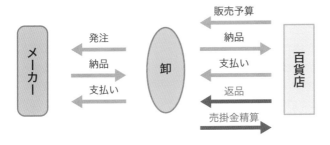

情報収集・提供機能　日々、収集される業界内の情報を顧客、関係企業へ提供することにより、川上、川中、川下という業界全体のコミュニケーションを図る。

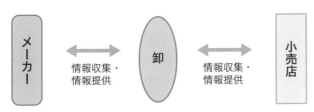

Chapter3 05

従来型のビジネスモデルから変革が求められるアパレル卸

アパレル産業の成長期を支えたアパレル卸は、消費者の特性やニーズの変化または多様化、販売経路の変化などにより、これまでの商習慣やビジネスモデルからの脱却と、大きな変革が求められています。

大変革が予想されるアパレル産業

アパレル産業の成長期、縫製メーカーやニットウェアメーカーなど、たくさんのメーカーがかかわる生産の各段階で、アパレル卸（以下、卸）は在庫や資金を負担することで、モノやお金の流れを作ってきました。しかし、1990年代からの不況により、アパレル市場は急激に縮小をはじめ、卸の主要販売先であった大手百貨店や専門店、量販店などの全国チェーン店をはじめ、個人小売店や地域に根ざした**リージョナルチェーン**店での売上は縮小し、それは卸の売上に大きく影響し始めました。

さらに、ファストファッションの台頭による価格競争、近年のSPA（製造小売業）化による流通の短縮化といった**サプライチェーンの見直し**などが追い打ちをかけ、今後、アパレル卸商が介在する多重的な流通は淘汰されることが予想されます。

求められる新たなビジネスモデルへの転換

国外ではEC販売が急激に拡大しており、韓国・東大門の卸問屋5,500店が参加する集合サイトや中国広州生産地域卸のサイトなどの利用者が急増しています。国内でも、EC販売店向けにネット中心の卸業務を展開するアパレル卸商が成長し、EC販売に対応していない国内アパレル卸商にとっては大きな脅威になっています。

とはいえ、しまむらに代表されるように、国内では仕入れ商品で店頭を構成する小売店が多く存在するため、卸販売がすぐになくなるわけではありません。しかし、これまでのような**多段階リスク分散**に頼るのではなく、多品種少量のアパレル製品の供給体制の構築、ニッチ市場の開拓など、積極的かつ柔軟に市場の変化に対応できるビジネスモデルへの転換が必要となっています。

リージョナルチェーン
全国に店舗展開しているナショナルチェーンに対し、特定の地域だけに店舗展開するチェーン・ストアを指す。

サプライチェーンの見直し
生産から販売までの経路の各段階で無駄を除き全体の効率化を目指す。

多段階リスク分散
小売店に商品が届くまでには縫製、ニットウェアメーカー、2次卸など各段階で生産、在庫、回収リスクが分散されるものの、利益も分散される。対極にあるのが、ユニクロ（ファーストリテイリング）。利益とともに生産、在庫のリスクなどを負う。

▶ アパレル卸の事務所数推移

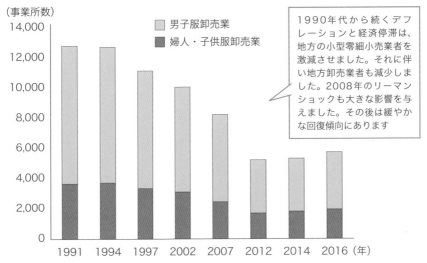

（事業所数）

凡例：
男子服卸売業
婦人・子供服卸売業

1990年代から続くデフレーションと経済停滞は、地方の小型零細小売業者を激減させました。それに伴い地方卸売業者も減少しました。2008年のリーマンショックも大きな影響を与えました。その後は緩やかな回復傾向にあります

※2012年、2014年に統計の区分変更・対象者数を変更。
出典：経済産業省「商業統計」

▶ BUYON（バイオン）

韓国東大門問屋街の卸問屋にアクセスできる仕入れ・卸売の専門サイト

出典：https://buyon.jp/

Chapter3 06

シーズン前に売上がたつ
アパレル営業の特殊性

アパレル業界では、実売期の半年前の展示会で取引先から商品の受注を受けるのが一般的です。アパレルメーカー、アパレル卸商にとって、展示会での営業活動が大きな仕事の1つとなっています。

展示会は一大営業活動の場

アパレルメーカー、アパレル卸商にとって、実売期の半年前に開催される次シーズン向けの展示会は、営業業務における一大イベントです。展示会は、自社商品の傾向を説明するだけでなく、取引先から商品の受注を取り付け、売上を確保する場であり、同業他社の状況などを聞く情報収集の場でもあります。

展示会では、店舗販売、EC販売のバイヤーが、各社の販売計画に沿ってサイズ、カラー、デザイン別に商品を発注します。そうした受注機会から、アパレルメーカー、アパレル卸商は、縫製メーカーや服飾資材卸などに発注するための情報収集を行います。また、百貨店で消化仕入れの場合は希望の商品を聞きとる程度で、受注側が数量、納品時期などを決めます。実売期に入ると、販売実績や消化率に合わせた追加生産や新規商品導入も随時検討します。

消化仕入れ
完全委託のこと。百貨店店舗で顧客に商品を販売した時点で百貨店側に仕入れが発生する取引方法。

コロナ禍で問われる大々的な展示会による営業活動

2020年からのコロナ禍は営業活動にも影響を与えました。EC販売の急伸や、展示会や取引先への出張の中止などが起こり、対面での商談はネット商談へと移行しました。従来の展示会の意義や対面での商談のための頻繁な出張の必要性などが問われ始めています。

また、最近の消費者は、特定ブランドへの顧客ロイヤルティが低い傾向にあるため、在庫がなければ別の店頭の似た商品を気にせず購入することも珍しくありません。ネットであれば商品の価格比較も容易な時代です。そうした背景もあり、展示会で発表した半年先の未来設計図が現実にならなくなっているのかもしれません。今後は、そうした消費者の変化やネットの日常化に対応する営業活動が求められていくでしょう。

顧客ロイヤルティ
顧客が、あるブランドや商品、サービスに対して感じる信頼や愛着のこと。

▶ 主要アパレル展示会の開催カレンダー

	国内	海外
4月		
5月	神戸国際宝飾展	
6月	ライフスタイル Week	
7月		PARI コレクション（オートクチュールのみ）
8月		Outdoor Retailer Summer Market 2021
9月	ライフスタイル Week 関西 PLUG IN rooms PROJECT TOKYO	プルミエール・ヴィジョン・パリ D&A New York Spring PARIS ファッションウィーク 2021 LONDON ファッションウィーク MICAM Milano
10月	Rakuten Fashion Week TOKYO ファッションワールド東京 国際宝飾展	
11月	東京ファッション産業機器展 国際アパレル機器＆繊維産業見本市	The 20th International Exhibition on Textile Industry
12月		
1月	国際宝飾展 ライフスタイル Week ガールズ ジュエリー EXPO 東京	
2月	大阪ミシンショー	NY ファッションウィーク LONDON ファッションウィーク MILANO コレクション
3月	JITAC ヨーロピアン・テキスタイル・フェア PLUG IN Rakuten Fashion Week TOKYO rooms PROJECT TOKYO	PARI コレクション（プレタポルテ→P.181）

🔖 ONE POINT

主なアパレル輸入卸商社

　輸入卸商社は老舗企業が多いのが特徴で、中でも八木通商は1970年代初頭から海外事務所を開設し、海外ブランドの買収などによってグローバルな成功例を生んでいます。三喜商事は積極的なブランド展開で業績を回復させ、コロネット商会は2003年に伊藤忠商事の100％子会社として再出発しました。過去にドルチェ＆ガッバーナを日本で成功させた三崎商事は現在、イタリアの老舗バッグブランドのゲラルディーニのリブランド（既存ブランドの刷新）に注力しています。

国内縫製業の新潮流

縫製業は海外移転が続いており、国内の縫製メーカー存続のためには付加価値の高い製品開発が求められています。自社ノウハウを生かした海外生産や消費者への販売業態などの新潮流が生まれています。

今までにない逆境にある縫製メーカー

国内の縫製業は、1980年代までは国内で縫製が行われることが当然でした。縫製工賃も価格の1割程度が守られていました。しかし、相次ぐ縫製工場の海外進出や低コストな海外縫製メーカーとの競合などで、国内の縫製事業者数、就労者数は激減しました。

現在、国内の縫製メーカーは、生産ロットが少なく、高い技術力が求められる商品の縫製を任されることが多くなっています。生産ロットが少ないということは、縫製製品の切り替えが増えるため生産効率が落ちます。また、川上では新しい素材開発が盛んですが、特徴ある生地の縫製は、技術だけでなく経験も必要とされるため、実務的にも糸の選定や型紙の修正など手間がかかります。

新しいビジネスモデルの息吹

このような逆境の中で、縫製メーカーは生き残りをかけ、将来像を模索しています。成功例の1つは、アジアの縫製工場への投資です。独資や合弁と形態は違っても、日本の品質管理、人事管理のノウハウを根付かせ、国内生産並みの品質を実現させています。紳士服、婦人服、スポーツ衣料などアイテムが変われば縫製も変わるため、工場ごとに生産アイテムを振り分ける工夫もしています。このビジネスモデルは、2017年に東証一部に上場したマツオカコーポレーションが有名です。

ほかに、経営者の世代交代を機に製品の販売までを自社で試みる縫製メーカーも出てきています。自社でブランド、製品を作り、EC販売をするビジネスモデルはファクトリーブランドと呼ばれ、商品の価格の裏付けや、製造工程や素材に関する説明の丁寧さに定評があり、今後の展開が期待されています。

切り替え
縫製する商品を変えること。糸の交換、型紙変更などで時間がとられ、慣れるまで効率も落ちる。

独資や合弁
海外に関連会社を設立する際に100%の資本金で進出するのが独資企業。現地のパートナーも出資して設立するのが合弁企業。

ファクトリーブランド
下請け製造工場が自社で作った製品のブランドのこと。主なファクトリーブランドには、スーツではイタリアのキートン、日本のリングヂャケット、ニットでは英国ジョン・スメドレー、バッグではイタリアのオロビアンコなどがある。

▶ 国内の縫製メーカーの高い技術力に着目する「ファクトリエ」の取り組み

ライフスタイルアクセント株式会社（本社・熊本市）が運営するブランド「ファクトリエ」では、高い技術力を持つ作り手（国内の縫製メーカー、ニットウェアメーカー、革小物工場、靴工場など）と提携し、高品質のアパレル製品を販売している。

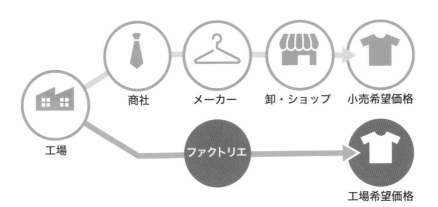

従来のシステムでは、作り手は、商社、メーカーといった中間業者を介し、小売希望価格から算出した金額で受注していたため、低予算での受注となりがちであったが、同社の取り組みでは、作り手が工場希望価格を提示できるため、自らの技術力を存分に発揮できる。中間業者を介さないので、お客様にも適正価格で届けられる。

👍 ONE POINT

グローバル化に伴って高まる
貿易事務職の重要性

　縫製、ニットウェアなどのメーカーの海外展開により、貿易事務を担当する専業職はアパレル業界では非常に重要な職種となっています。彼らは、海外の工場や企業とやり取りするだけではなく、フォワーダーなどともやり取りを行うため、語学力が必須となります。輸出業務（輸出通関手配、貨物保険の手配、運送手段の手配など）をはじめ、輸入業務（輸入通関手配、関税や消費税納付、入荷商品の管理業務、貨物を運ぶための輸送手段の手配など）、出荷・納品管理（受注した商品の数や納期の管理、自社工場の在庫チェックなどの商品管理など）など、業務は多岐にわたります。

Chapter3 08

求められる多様化、AI化に対応できる人材

従来のアパレル業界は、知識や経験がなくても社内で人材育成できる余裕がありました。現在は服飾専門学校の卒業生や他社での現場経験者などで、かつ、システム活用にも強いことが期待されています。

自ら学ぶ習慣のある人

アパレル川中企業の業務範囲が大きく変化していることにより、求められるスキルも変わってきています。しかし、基本的なことは変わらず、ファッションに興味があり、自分で学ぶ習慣があり、業務を進めるコミュニケーション力が十分に備わっていることです。

備えておきたいスキルと現場で身に付けるスキル

生産管理
計画に基づき生産の工程全体を管理する業務。アパレルの場合は素材、副資材を借受し、製品を納品した後も修理用に一部の素材、副資材を手元に管理する業務も含む。

服飾専門学校
アパレル業界で働くための専門知識・技術を学ぶ大学の服飾系学科や学校のこと。日本全国に約160校以上あるといわれる。

チャイナプラスワン
アパレル輸入先の中国シェアが高くなりすぎたため、リスク分散で他の国や地域での拠点開発をする経営戦略。コロナ禍で国内生産も再評価されている。

従来の縫製メーカーでは、生産管理ができ、依頼された製品を縫製できる人材を入社後に育成していましたが、現在は、工場の積極的なシステム化が進められ、縫製作業だけでなく、システムを使いこなすことも求められています。

また、現在は海外での生産が主流となり、特にレディスでは、製品ごとに細部の縫製指示が必要なため、修正項目を具体的に指示できるスキルが求められています。そのためには服飾専門学校での学びや現場での経験が不可欠です。また、素材の特徴や副資材に関する知識も必須で、これらは現場で身に付けていきます。

製造工場の海外拠点展開という点では、チャイナプラスワンの流れがアジア全体に広がっている現在、海外に駐在し、本社と現場との速やかなコミュニケーションが図れる人材も求められています。従来は商社が担ってきた業務が、アパレルメーカー、アパレル卸商にも必要とされる時代になっているのです。

AIなどの新技術の発達により、作業進捗の見える化、情報の共有化、作業の適正化などの改善が進んでいます。アパレル川中企業が大転換期にある現在、生産性の向上を実現するためには、それらの日進月歩するシステムを使いこなせるスキルや、より効率化を図れるスキルもまた、今後、求められるでしょう。

▶ **ある服飾専門学校のコース、学科、卒業後の進路・職種例**

コース	学科	卒業後の進路・職種例
4年制一貫コース	●ファッションデザイン学科 高度専門士コース ●ファッションビジネス&テクノロジー学科 高度専門士コース	ファッションアドバイザー、総合職、パタンナー ファッションアドバイザー、総合職
総合基礎コース	●総合基礎学科 ・ファッション専攻 ・メイク・ビューティ専攻	ファッションアドバイザー、パタンナー、美容師、ヘアメークアーティスト、エステティシャン
専門コース	●ファッションデザイン学科 ・ブランドデザイナー専攻 ・アパレルデザイナー専攻 ・メンズデザイナー専攻 ・キッズデザイナー専攻 ・舞台・ステージ衣装専攻	ファッションアドバイザー、デザイナー、営業職、帽子デザイナー、縫製職、衣装製作、衣装デザイナー、メイクアップアーティスト
	●ファッション技術学科 ・パタンナー専攻 ・アパレル技術専攻	パタンナー、生産管理、縫製職、リフォームアドバイザー、デザイナー
	●ファッションビジネス学科 ・ブランドプロデューサー専攻 ・バイヤー・ショップ経営専攻 ・ネットビジネス専攻 ・ファッションコーディネーター専攻	ファッションアドバイザー、総合職、ブライダルデザイナー、バイヤー、営業職、システムエンジニア、商品管理、商品企画、ウェブデザイナー、VMD担当
	●スタイリスト学科 ・CM・雑誌スタイリスト専攻 ・ファッションスタイリスト専攻	スタイリストアシスタント、ステージ衣装担当
	●メイク・ネイル学科 ・メイク・ネイルアーティスト専攻 ・映像・舞台メイク専攻 ・コスメビューティアドバイザー専攻	ネイリスト、ビューティアドバイザー、美容部員、メイクアップアドバイザー、床山、ファッションアドバイザー、カラーリスト

👍 ONE POINT

川中で進むDX（デジタルトランスフォーメーション）

　過剰供給の解決策としてのDXが進んでいます。たとえば、C2M やVMIがあります。C2Mとは、受注後にデジタル生産や3Dプリンターにより迅速に個別生産する方法で、無駄な在庫が発生しません。VMIとは、アイテムを絞り込み、川中の企業がオンライン自動発注する方法のことで、川上から川下までのDXの構築により、企画、生産、物流、販売までを一貫して見える化することができます。現在、DXのシステム設計、管理、運用、改善ができる技術者の育成が喫緊の課題です。

始まったアパレルの地産地消

知られていない
地元産アパレル

日本全国には、アパレルの素材産地、縫製加工地域などが数多く存在しています。アパレルは製品として流通する場面は消費者に見えますが、製造過程は目に触れません。たとえば、デニム生地では国内シェア50％を占める岡山県のメーカー、カイハラは世界中のアパレル業界の人間は知っていても、岡山に住む消費者にさえあまり知られていません。

地元に入り込む
アパレル製品販売

岡山県児島地域は国産ジーンズ発祥の地です。今やデニム生地は日本産が最高レベルといわれていますが、第二次大戦後、米国製ジーンズを生産するために米国から織機を輸入して始まったその道のりは容易ではありませんでした。生地作りはもちろん、縫製や加工も大変な苦労を乗り越えて進化してきました。地元の素材を職人技で活かした高品質のデニム製品を生み出したのです。

2010年には地域興しとして商工会議所とジーンズメーカーが協力して地元商店街をデニムストリートとしてアピールしました。世界最高峰のジンバブエコットンを使用したしなやかなデニムで世界的に認知を得るトップブランドとなった「桃太郎ジーンズ」なども輩出しています。

2019年にはホテルも含めた複合施設「DENIM HOSTEL float（デニムホステル フロート）」がオープンし、観光名所としても岡山を代表する集客を誇るまでになりました。

親世代が築いてきた地場産業を再評価し、生まれ育った若い世代が地産地消として地元経済を活気付けた成功例として各地からの見学も後を絶ちません。

また、メイドインジャパンにこだわるファクトリエ（熊本県熊本市）は、地元熊本をはじめ日本全国のすぐれた工場直結の商品を開発・展開しています。

アパレル産業は大きな変革期にありますが、新しいチャンスが多くあり、若い発想と行動力で新しいプレーヤーが誕生するでしょう。

第4章

アパレル製品を販売する企業の業務内容

アパレル製品が消費者の手に届くためには川下にあたる小売業の存在が欠かせません。百貨店はその代表的企業として位置付けられていましたが、従来の枠組みにとらわれないさまざまな業態も出てきています。

店舗小売業態と
無店舗小売業態の融合

アパレル製品小売業は、大別すると実店舗を設置した店舗小売業態と無店舗小売業態に分かれます。近年急成長しているEC販売は無店舗小売業態にあたりますが、両者の融合が進みつつあります。

転換期を迎えている店舗小売業態

1991年に15兆円を超えたアパレルの売上は、その後右肩下がりに落ちています。日本では「失われた30年」と呼ばれるこの間で、従来の百貨店最大の顧客であった中間層が減少しました。特に地方では百貨店の破綻が続いています。大型百貨店グループに多い郊外百貨店も優劣がはっきりと出て、業態変更か閉店かの選択を求められています。

また、量販店と呼ばれるGMS（総合スーパー）は大量仕入れ大量販売で業績を拡大してきましたが、実用衣料の仕入れを主体としたしまむらを除いては、ユニクロ、ジーユーを率いるファーストリテイリングなどのSPA型専門店に市場を奪われています。

専門店には複数ブランドを揃えるセレクトショップと、製造メーカー直営・SPA型のワン・ブランド型があります。それ以外にも、全国に広がる一般小売店があり、地域に根差した個人経営も多い業態です。

ほかにも、値引販売を主体にするアウトレットやディスカウントストアなどの業態があり、成長しています。昨今では、中古衣料を販売する業態も成長著しいものがあります。たとえば、顧客に定額でアパレルをリースし、戻ったものを中古衣料業者に販売するといった業態です。

アパレル製品小売業態の融合と新業態の誕生

従来は、店舗販売と無店舗販売はチャネルとして独立した市場でした。しかし、コロナ禍の影響などで多くの店舗小売業者は、EC販売など無店舗小売販売を導入しつつあります。

無店舗小売業態はカタログ販売やテレビショッピングから発展

失われた30年
1991年のバブル崩壊から経済成長のない30年間を指す。

郊外百貨店
経済成長期に大都市圏周辺のベッドタウンに展開された小型百貨店。少子高齢化とともに役割を終えつつある。

GMS
「ゼネラルマーチャンダイズストア」の略。日常生活で必要なものを総合的に扱う、大衆向けの大規模な小売業態である。

ワン・ブランド型
1つのブランドのみを扱う専門店で、アパレルメーカーの直営ショップで多く見られる形態である。オンリー・ショップとも呼ばれる。

▶ **アパレル製品小売業売上ランキング**

企業名（本拠地）	売上高（日本円換算）	主な展開ブランド
インディテックス （スペイン）	3.4兆円（2020/01）	ZARA Bershka ストラディバリウス マッシモドゥッティ PULL&BEAR ZARA HOME（その他家具など）
H&M （スウェーデン）	2.63兆円（2019/11）	H&M Monki
ファーストリテイリング （日本）	2.29兆円（2019/08）	ユニクロ GU theory J Brand
GAP （アメリカ）	1.79兆円（2020/02）	GAP オールドネイビー Banana Repubrlc
リミテッドブランズ（アメリカ）	1.41兆円（2020/02）	Victoria's Secret
PVH （アメリカ）	1.08兆円（2020/02）	Calvin Klein Tommy Hilfiger
Ralph Lauren （アメリカ）	6,900億円（2019/03）	ラルフローレン POLOラルフローレン Double RL
NEXT（イギリス）	6,000億円（2020/01）	NEXT
アメリカンイーグル （アメリカ）	4,700億円（2020/02）	アメリカンイーグル AERIE
アバクロンビー&フィッチ （アメリカ）	4,000億円（2020/02）	アバクロンビー&フィッチ ホリスター
エスプリ（香港）	1,800億円（2019/06）	ESPRIT

してきました。現在では**EC**販売が急成長を遂げ、アパレル製品に限らず、Amazonや楽天市場は日常生活に不可欠の存在となっています。

　これからは、店舗販売と無店舗販売が融合し、顧客との接点を複数準備できるオムニチャネル化（P.20）が急速に進むでしょう。これにより、実店舗、ECなどの境なく、小売店は商品の横断的なデータ管理が可能になり、リアルタイムでの顧客情報の管理、マーケティングができることで、品揃えから販売時期、商品の開発まで、従来以上に多くのサービスが提供できるようになります。小売店の可能性は今後、さらに広がっていくことが予想されます。

EC
Electronic Commerceとは、電子商取引と訳され、インターネット上でモノやサービスを売買すること全般を指す。

Chapter4

02

変化する市場に対応し
多様化する業態

アパレル川下企業は、アパレル製品の販売を行う業態です。アパレル消費が
減少傾向にある中、業態のSPA化やECサイトの充実など、さまざまな戦略
がとられています。

苦境にある百貨店展開のアパレル企業

アパレル川下企業は、消費者への販売を行っています。1997年当時、アパレル最大の販売チャネルは百貨店でした。しかし、現在、多くの百貨店で売上不振が続き、アパレル川下の市場は、大きな変革期にあります。

まず、百貨店を主な売り場とする中価格帯のアパレル企業は不調が続き、当時第1位の売上だったレナウンは2020年に経営破綻、オンワード樫山や三陽商会などの百貨店展開のアパレル企業もほとんどが順位を下げています。また、世界一のスーツ販売量を誇る郊外型スーツ専門店の四天王（青山、AOKI、コナカ、はるやま）も、服装のカジュアル化、団塊世代の退職、コロナ禍による在宅勤務の拡大を背景に、大きな曲がり角に直面しています。このまま市場の変化に対応できない企業は淘汰されてしまうでしょう。

EC販売の躍進と新たな業態への変革

現在、メインの業態は、ユニクロ、ジーユーといったブランドを率いるファーストリテイリングに代表されるSPA企業（製造小売業）です。世界規模で見ても、低価格を武器に伸びてきたファストファッションのZARAやH&Mなどは、さらに店舗の集約と大型化、ECサイトの充実など、新しい販売戦略にも挑戦するなどして変化する市場に対応し、着実に売上を伸ばしています。

そのほか、変わる市場への対応の例として、専門店ではセレクトショップ御三家（シップス、ユナイテッドアローズ、ビームス）があります。従来は仕入れ主体の品揃えでしたが、自社オリジナル製品や低価格帯の製品の取り扱い比率を高め、これまでのセレクトショップの特性を崩すことで対応をしています。

変革期
1997年に売上トップ10の企業で2019年もトップ10に残っているのはオンワード樫山と青山商事、ワールドの3社のみ。

ZARA
親会社はインディテックス。2020年1,200の店舗の閉店を発表し、インターネットで注文して店舗で受け取るC&C（クリック＆コレクト）や、店舗での返品などの機能を備えた大型旗艦店を構える戦略を打ち出した。

▶ アパレル企業の売上ランキングの変化

1997年

順位	企業名	分類	売上(億円)
1	レナウン	百貨店	1919.9
2	オンワード樫山	百貨店	1836.2
3	青山商事	専門店	1693.8
4	イトキン	百貨店／専門店／SPA	1582.4
5	ワールド	百貨店／専門店／SPA	1495.8
6	三陽商会	百貨店	1344.9
7	ビギグループ	百貨店／専門店／SPA	1061.0
8	ファイブフォックス	百貨店／SPA	1020.0
9	ナイガイ	百貨店	891.6
10	アオキインターナショナル	専門店	838.7
11	レリアン	百貨店／SPA	808.9
12	ファーストリテイリング	SPA	750.2
13	鈴丹	専門店	673.1
14	小杉産業	百貨店	658.8
15	東京スタイル	百貨店	596.9
16	レナウンルック	百貨店	552.2
17	コナカ	専門店	519.3
18	サンエーインターナショナル	百貨店／SPA	494.4
19	ダーバン	百貨店	477.4
20	はるやま商事	専門店	476.8

2019年

順位	企業名	分類	売上(億円)
1	国内ユニクロ事業	SPA	8729.6
2	ワールド	百貨店／専門店／SPA	2498.6
3	オンワード樫山	百貨店	2406.3
4	ジーユー事業	SPA	2387.4
5	アダストリア	SPA	2226.6
6	青山商事	専門店	2503.0
7	STI HD	SPA	1650.1
8	ユナイテッドアローズ	専門店／SPA	1589.2
9	ベイクルーズグループ	SPA	1310.0
10	パルグループHD	SPA	1304.7
11	AOKIファッション事業	専門店	1102.5
12	ストライプインターナショナル	SPA	914.7
13	ビームスHD	専門店／SPA	828.0
14	マッシュHD	SPA	787.0
15	ライトオン	専門店	739.6
16	インディテックス日本法人	SPA	720.0
17	アーバンリサーチ	SPA	715.0
18	バロックジャパンリミテッド	SPA	710.3
19	レナウン	百貨店	636.6
20	ジュングループ	専門店／SPA	625.0

出典：小島ファッションマーケティング資料より著者が作成

> 1997年のトップ20では、百貨店業態が14社で、SPAはわずか7社。ところが、2019年は、SPAは15社で、百貨店はたったの3社になってしまいました

> ユニクロに代表されるSPA企業は流通を短絡化して品質を下げずに低価格を実現し、シェアを大きく伸ばしています

> アパレル企業の売上ランキングが大きく入れ替わった背景には2つの大きな変化があります。1990年代からのデフレーションによる販売価格の低下と洋服に対する消費者意識です。次に社会の二極化により百貨店での販売シェアは、毎年低下し取引先のアパレル企業も疲弊しました

将来像の模索が続く百貨店

百貨店は、1980年代までは坪効率、信頼性が高く、ステイタスがあった業態です。1990年代からは売上減が続いているにもかかわらず、売場形態は自社でリスクを取らない委託取引の状態が続いています。

百貨店の成長と衰退の原因

かつてアパレル企業にとっては百貨店に出店するのが高ステイタスで高効率でした。また百貨店側も、アパレル製品を供給するアパレル企業側が商品を搬入し、販売員を派遣して販売まで行い、売れ残りは返品できるという委託取引（P.64）によって成長しました。つまり、百貨店は集客と売り場の提供が主で、販売リスクを負うことなく収益を上げることができました。しかし、1990年代から百貨店の主要顧客である中間層が減少するとともに、取引条件の悪さからアパレル企業の百貨店離れが進みました。百貨店は、返品分の代金を卸が負担する委託取引が行われていました。そのため、魅力ある売り場になっていないことも百貨店衰退の原因となっています。

百貨店主体の平場は苦戦

百貨店の売り場構成は委託取引の上に成り立つインショップと平場に大別されます。インショップとは、売場の中にアパレル企業側のブランドをショップ形式で出店する方法です。出店に関しての条件は販売予想額に沿って決定されます。たとえば、ラグジュアリーブランドには最優遇条件が適用され、内装費用の百貨店側の高負担、最低売場面積、販売員の社員比率などの優遇措置が取られます。

一方、平場とは、百貨店主体の売り場のことです。平場は、百貨店側が複数のアパレル企業の中からブランドを選び、販売計画を立てます。現在、この平場の売上減と売り場面積減が続いています。危機の打開のために複数の百貨店がPB商品の開発に挑戦しましたが、「ファッションの伊勢丹」でさえ成功したとはいえ

PB商品

(Private label brands)
従来の製造メーカーではない小売店・卸業者などが企画し、独自のブランドで販売する自主企画商品のこと。メーカーによるナショナルブランド（NB）より低価格となる。

▶ 百貨店各社の現状と対策

	主要店舗	概要	対策
三越伊勢丹HD	伊勢丹新宿・三越日本橋	売上高1位、不動産子会社売却、不採算店舗の閉鎖を継続	主要旗艦店のDXを進め接客を生かす
髙島屋	日本橋店、横浜店、大阪店	売上高2位、2018年日本橋店売り場拡大、アジアへの積極的出店	東新開発（子会社）とともに面での展開を拡充
エイチ・ツー・オーリテイリング	阪急うめだ本店、阪神梅田本店	大阪梅田を中心にドミナント戦略を着実に展開	そごう・西武の阪神間地域店舗を買収
J.フロントリテイリング	大丸神戸店、松坂屋名古屋店	関西が地盤、大丸札幌店は地域一番店。ギンザ6など業態転換中	パルコを子会社化、直営面積を大幅縮小中
セブン＆アイ・HD	西武池袋本店、そごう横浜店	各店舗共に苦戦・迷走が続く。婦人服PBの失敗	老朽化が進む店舗への投資抑制

▶ 百貨店販売額の推移

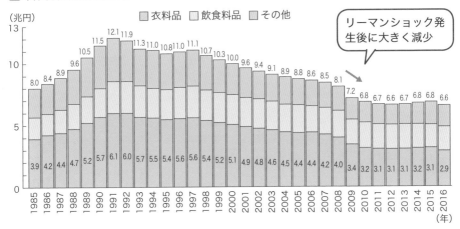

（兆円）　衣料品　飲食料品　その他

リーマンショック発生後に大きく減少

※調査対象の見直し等により、1991年7月以降、2010年7月以降、2013年7月以降、2015年7月以降で数値の不連続が生じている。
出典：経済産業省「商業動態統計」

ません。百貨店の立地近くでラグジュアリーブランドが品揃え豊富な直営店を出店したり、消費者の嗜好の多様化や若年層の取り込みの失敗など、課題が山積しているのが現状です。百貨店各社で業態の違う将来像を描いており、今後、百貨店は大きく変化していくものと予想されます。

品揃え豊富な直営店
百貨店の中では店舗面積や商品数も限られるが、面積の広い直営店では、商品数も豊富になる。

Chapter4 04

マスマーケット向けに低価格で大量販売する量販店

日本の経済成長とともに大きな成長を遂げたGMS（総合スーパー）ですが、2010年代から不振が続いています。アパレル製品の販売も例外でなく、売り場の縮小・撤退が進んでいます。

量販店アパレルの現状と将来

マスマーケット
(mass market)
大衆消費者向けの大量販売およびその市場を指す。

　量販店型業態とは、**マスマーケット**を狙い、低価格で実用的なアパレル製品を販売する業態のことです。店内にある大量の商品から顧客に必要な商品を選んで購入してもらうのが基本です。具体的には、イオン、イトーヨーカ堂、ユニーなどの総合スーパーの衣料部門を指します。国内第2位の売上を誇るしまむらは衣料品専門スーパーにあたります。

売り場面積減
2012年2月期から2018年2月期までで約174,746m²（約5,300坪、26.8%）減。※セブン＆アイホールディングスの決算補足資料より。

　量販店型衣料販売第1位のイトーヨーカ堂は2012年2月期から2018年2月期の7年間、衣料品売上高は毎年減少しています。原因としては、業績不振での店舗閉鎖による**売り場面積減**が挙げられます。18年2月期には売上全体の2割を占めていた衣料品売上高の構成比が18.4%となり、以降も減少しています。食品の売上高も減っていますが、構成比は増加しており、衣料品の落ち込みが目立ちます。

　量販店は規模が非常に大きいため、数ポイントの減少でも数百億円の減少となります。右ページの推移表から見る限り、今後も衣料品売り場の縮小は続くと推測できるでしょう。

新業態開発の可能性を秘めた量販店

　不振の中で注目されるのが、たとえばイトーヨーカ堂グループの場合、百貨店業態のそごう・西武百貨店、専門店にはバーニーズ・ニューヨーク、赤ちゃん本舗、ロフト、タワーレコードなど多様な小売りソースを持っていることです。

　マスマーケットと呼ばれていた一様な需要は、今後ますます細分化されていくことが予想され、多彩な子会社をグループ内に持っている量販店は、ノウハウの掛け合わせにより新業態開発の

▶ イトーヨーカ堂　商品別売上高＆売上構成比の推移

① 商品別売上高（単位：百万円）

	2012/2	2013/2	2014/2	2015/2	2016/2	2017/2	2018/2
衣料	222,181	214,218	204,051	193,354	187,047	179,027	162,589
住居	190,936	177,505	165,297	153,506	142,811	122,445	165,083
食品	648,506	623,571	608,343	592,913	601,672	585,457	553,670
計	1,061,624	1,015,295	977,692	939,774	931,531	886,930	881,343

▲衣料品の売上高は毎年減少している

② 商品別売上構成比（単位：%）

	2012/2	2013/2	2014/2	2015/2	2016/2	2017/2	2018/2
衣料	20.9	21.1	20.9	20.6	20.1	20.2	18.4
住居	18.0	17.5	16.9	16.3	15.3	13.8	18.7
食品	61.1	61.4	62.2	63.1	64.6	66.0	62.8
計	100	100	100	100	100	100	100

▲2012年2月期は全体の2割だったが、2018年2月期は2割を切ってしまった

出典：セブン＆アイホールディングス　各期「決算補足資料」をもとに著者が作成

可能性があります。

　具体的には、PB商品開発やECでの共同販売の展開、子会社として変化の早い需要に適応できる体制への移行や、自主運営でなくテナントとして入居させ、独自の販売計画や店装での展開促進なども始めています。量販店は大きな可能性を持っているといえ、その未来に注目が集まっています。

 ONE POINT

注目を集める「しまむら」

　しまむらの業績がコロナ禍以降も前年度売上を超えて順調に回復しています。その要因は、2点あったと考えられます。都心店の閉鎖によって自宅に近い郊外ロケーションの路面店が衣料の主な購入先になりました。また、商品構成が実用衣料や、お出掛けよりも自宅内向き衣料のほうが充実していることも大きく貢献しました。今後の業績に注目が集まっています。

流通業界の主流であり SPA化が進む専門店型業態

専門店型業態は、アパレルに限らず、日本の流通業界で最もシェアの大きい業態です。アパレル業界では、従来の専門店型に対しSPA化の流れが出てきています。

アイテム、顧客別の市場ですみ分け

百貨店や量販店のアパレル売り場は、幅広い客層に向けた品揃えが行われています。これに対し、専門店は特定のターゲットに向けて、ジャンルを絞り込んだ商品を揃えています。専門店各社は得意なアイテムで限定した客層からの強い支持を得て、安定的な販売を生み出してきました。特に、1990年代以降は大規模商業施設の開業が続き、専門店へのテナント出店の依頼も多く、多店化を図りやすい背景も専門店に味方しました。

代表的な企業では、カジュアルウェアが主体でグローバル企業ファーストリテイリング傘下のユニクロ、同じくファーストリテイリング傘下でトレンドの日常服を低価格で販売するジーユー、郊外を中心に地域に根差した仕入れ主体のしまむらが販売額では大きなシェアを持っています。

また、スーツ専門店には、スーツ販売のギネス記録を持つ青山商事やAOKIホールディングスなどがあります。コロナ禍でリクルート需要が蒸発し、在宅勤務で通勤用のスーツ不要論まで出た現在、国内4大スーツ販売企業の方向性が注目されています。レディスでは、さまざまなブランドで個性的な展開をするアダストリアなどが成長しています。

進むセレクトショップのSPA化

ファッション好きな客層に支持されるセレクトショップ（P.92）もまた、専門店型業態の1つです。

1980年代、セレクトショップは国内外の多様な企業から特徴的な商品を選んで独特な販売戦略を展開し、人気を集めましたが、従来の仕入れによる品揃えでは他社との差別化が難しくなってき

リクルート需要
日本独特の新卒採用時の面接用に購入されるスーツ、バッグ等の新規需要のこと。毎年同時期に生まれていたが、2020年以降はコロナ禍の影響に直撃された。

4大スーツ販売企業
売上順に青山商事、AOKIホールディングス、コナカ、はるやまホールディングスを指す。

▶ **専門店型小売業売上ランキング（2018年度）**

（百万円）

順位	企業名	売上高		業種
1	ユニクロ	799,817	(2.5)	カジュアル
2	しまむら	559,329	(3.5)	複合
3	良品計画	249,515	(10.1)	複合
4	アダストリア	203,686	(1.8)	レディス
5	青山商事	189,650	(▼0.0)	メンズ
6	ジーユー	187,800	(32.7)	カジュアル
7	ユナイテッドアローズ	145,535	(3.3)	複合
8	西松屋チェーン	136,273	(2.6)	子供服
9	ＡＯＫＩホールディングス	118,264	(3.7)	メンズ
10	パルグループホールディングス	116,457	(5.5)	複合
11	サザビーリーグ	104,000	(5.7)	複合
12	ベイクルーズグループ	100,081	(10.2)	複合
13	ライトオン	86,462	(10.5)	カジュアル
14	ビームス	74,450	(5.2)	複合
15	コナカ	69,633	(0.7)	メンズ
16	三喜	65,983	(9.5)	複合
17	バロックジャパンリミテッド	62,970	(▼0.7)	複合
18	アーバンリサーチ	62,500	(13.6)	複合
19	マッシュホールディングス	58,009	(20.6)	レディス
20	はるやまホールディングス	55,942	(2.9)	メンズ

出典：各社レポートより著者が作成

たことに加え、新興セレクトショップも多数成長しています。危機感を持った御三家と呼ばれるシップス、ビームス、ユナイテッドアローズは、自社オリジナルの企画、生産、販売というSPA型のビジネスモデルの導入に踏み切っています。

　また、各社の海外市場への挑戦は事例が少ないものの、海外での日本のアパレル製品への人気は高く、グローバルに見て成長が十分見込まれています。

海外市場への挑戦
ビームスやユナイテッドアローズなどが台湾、香港での展開を実験的に進めている。

Chapter4 06

アパレル製品を卸から仕入れ、販売に注力する業態

量販店型業態には、GMS（総合スーパー）に対し、家電量販店など単品量販店があります。衣料品専門量販店にあたるのが、しまむらです。実用衣料に特化し、国内だけでなく、海外にも出店しています。

アパレル業界国内売上2位のしまむら

アパレル業界国内売上2位は5,219億円（2020年度）のしまむらグループです。第1位のSPA型のユニクロと同じファストファッションとして比較されますが、業態が根本的に違います。

自社で生産管理をするユニクロは、アイテム数を絞り大量に生産しますが、しまむらは、すべてアパレル卸からの仕入れ商品で品揃えをしています。それにより、素材、デザイン、カラーなど多様な商品が店頭に毎週投入されます。また、しまむらは国内店舗だけで1,433店舗、別ブランドCASUAL & SHOESアベイルも318店舗、バースデイも297店舗を展開、台湾と中国にも海外出店しており、売上規模は世界10位です（2019年度）。

海外出店
「思夢樂」として台湾で47店舗、「飾夢楽」として中国で11店舗を展開中。

本社コントローラーによる徹底した在庫管理

しまむらは、商品開発はシーズン毎に仕入れ先と協議して行います。販売計画に基づいて、本社のバイヤーが約600社を超える仕入れ先からカテゴリー別に膨大な商品を調達します。

各仕入れ先に得意な素材、異なるデザインソースがあるため、仕入れ先が豊富だと商品の素材やデザインなどのバリエーションが多彩になり、飽きさせない店頭作りにつながります。

基本はロードサイドの大型店ですが、接客販売はしません。店舗の商品構成、商品移動、値引きなど、完売までコントローラーと呼ばれる本社の社員によって支えられています。最近では、インフルエンサーやファッション誌とのコラボレーション、ネットショップの開設などで、低価格な実用衣料販売のイメージから、着る楽しさも加えた日本を代表するファストファッション企業としてのイメージへ、新たな展開も見られます。

コントローラー
入荷した商品が完売するまでの在庫管理を担当し、店舗間移動など陳列・演出も行い、消化率を最大にする業務。

インフルエンサー
多数の人にメディアを通して影響を与える人物のこと。

▶ 仕入れ販売ビジネスモデルの例

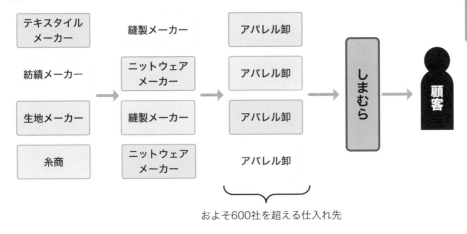

およそ600社を超える仕入れ先

豊富な品揃えを実現する一方で、中間マージンの発生で価格コントロールの難しさもあります

▶ しまむらの在庫管理体制

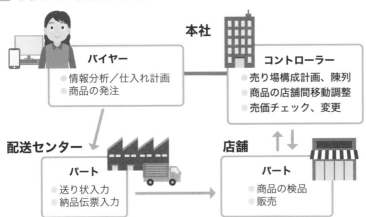

従来のアパレル流通を大きく変えた SPA（製造小売業）業態

ユニクロに代表されるSPAは、従来のアパレル流通を大きく変えた業態といえます。現在、世界のアパレル販売額の上位は、SPA業態の企業で占められています。

ユニクロの変遷

従来のアパレル流通では、アパレル卸が市場予想に基づき商品企画を立て、シーズン前の展示会で小売店からの発注状況を見て製造数量を決め、生産します。製品を作ってから販売するので"プロダクトアウト型"と呼ばれます。アパレル卸、そして小売店の利潤があらかじめ確保された小売価格が設定されるため、商品は高額になりがちでした。

そうした中で、SPAの代表であるユニクロは、小売業からスタートし、かつてはアパレル卸から製品を仕入れ、販売していました。しかし、仕入れ数量が増えるにつれ、自社工場を持たず、中国のメーカーに直接あるいは商社経由で製品を発注する比率を増やしていきました。また、定年を迎えた日本の技術者を中国の現地に派遣し、品質向上を指導させるなど、関係も深めました。さらに、東レと素材開発で提携したことは業界を驚かせました。

商社経由
海外生産での素材、副資材の輸出および、製品輸入などを商社に一任する、業界の習慣。

SPAの3つの特徴

SPAの特徴は3点あり、1点目は、従来のアパレル卸、小売店分の利潤が自社利潤となることです。2点目は、小売価格を自社で決定できることです。従来の仕入れでは、供給側が小売価格を決め、小売店は供給側から掛率で仕入れますが、ユニクロがフリースでブームを巻き起こしたように、SPAでは、戦略的な価格政策が自由に取れるのです。

3点目は、店頭販売情報から現時点での売れ筋の詳細な情報が取れることです。情報から商品を作ることを"マーケットイン型"と呼び、シーズン途中にも売れ筋商品の追加フォローが可能となり、売り逃しを防ぐことが可能となりました。

掛率
商品の小売価格に対する卸値の割合のこと。相手によって掛率を変えて交渉する。小売業者より卸のほうに決定権がある。ユニクロのようなSPA企業の場合は、原価から販売価格を自社で決める。

売り逃し
購買を希望する顧客がいるのに在庫がなく、売上を取れないこと。

▶ 従来の分類型アパレル流通とSPA型の違い

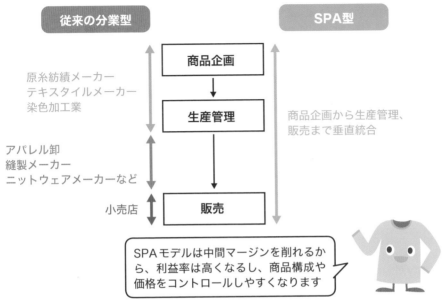

従来の分業型

原糸紡績メーカー
テキスタイルメーカー
染色加工業

アパレル卸
縫製メーカー
ニットウェアメーカーなど

小売店

商品企画

↓

生産管理

↓

販売

SPA型

商品企画から生産管理、
販売まで垂直統合

> SPAモデルは中間マージンを削れるから、利益率は高くなるし、商品構成や価格をコントロールしやすくなります

▶ SPAに適したマーケットイン型生産サイクルのファストファッション

約2年前から製品企画がスタートするモードファッションに対して、ファストファッションの商品企画は、期中発表のコレクション、メディアなどのファッション情報を吸収し、およそ半年で企画製造が行われる。

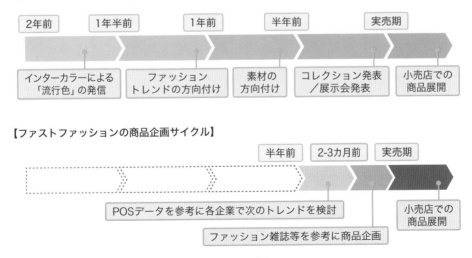

【モードファッションの商品企画サイクル】

2年前	1年半前	1年前	半年前	実売期
インターカラーによる「流行色」の発信	ファッショントレンドの方向付け	素材の方向付け	コレクション発表／展示会発表	小売店での商品展開

【ファストファッションの商品企画サイクル】

		半年前	2-3カ月前	実売期
		POSデータを参考に各企業で次のトレンドを検討		小売店での商品展開
			ファッション雑誌等を参考に商品企画	

出典:経済産業省「アパレル・サプライチェーン研究会報告書」をもとに作成

トレンドを提供するZARA対定番商品を武器とするユニクロ

新商品が毎週空輸され、店頭に投入されるZARAとは対象的に、実需衣料の安定した提供と限定のコラボレーション企画商品を展開するユニクロ。その戦略と背景の違いを解説します。

実需衣料の提供で実績を伸ばすユニクロ

ユニクロを展開するファーストリテイリングはアパレル製品売上世界第3位のグローバル企業です（2020年度）。ファッション性より、性別や年齢を問わない「Life Wear」と呼ばれる実需衣料を高品質、低価格で提供するのが特徴です。素材から開発し、絞り込まれたアイテムを色や柄で展開しています。一例として、東レとの共同開発素材「ヒートテック」は、2002年の販売から15年で累計販売枚数2億枚を突破しました。

海外の協力工場とは、長期間の取引契約をもとに、日本の熟練技術者が紡績から出荷に至るまでの技術支援を積極的に指導しています。生産拠点には多数の日本側担当者を配置し、常にチェックして高品質の維持に努めています。小売業者であるユニクロが製造部門を統合する業態のため、SPAの中でも、同社はリテール型SPA（後方垂直統合型）といえます。

ユーザーのニーズを商品に反映するZARA

一方、主要ブランドZARAを擁するスペインのアパレル企業インディテックスは、製造業からスタートし、流通部門を統合する業態のため、メーカー型SPA（前方垂直統合型）といえます。ユニクロとの相違点は、常に店頭にトレンド商品を投入し、新鮮さを保っていることで、ユニクロとは真逆の発想で革新的な製品供給システムを稼働しています。

特に、企画から店頭へのリードタイムの短さが特徴で、通常は最終サンプルで受注し、半年後に店頭に投入しますが、ZARAの場合は、商品の企画から発送まで平均3〜4週間で実現し、追加商品も2週間後に届きます。全世界の店舗からのデータ、リサー

Life Wear
日本のユニクロの造語で商品作りの基本的コンセプトを表す。あらゆる人の生き方を豊かにし、そしてより快適に変えていく究極の日常着を指す。

実需衣料
実際の需要が確実な衣料類。

トレンド商品
消費者が望む潮流、流れのこと。アパレル業界では流行商品の意味。

リードタイム
商品の発注から納品までの生産や輸送などに要する時間のこと。

▶ SPA業態の違い（ユニクロとZARA）

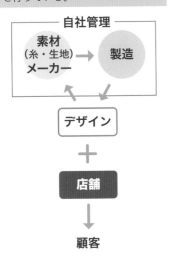

小売業からスタートした
ユニクロの場合

自社で製品の原材料・部品の調達、製造をし、在庫管理、配送、販売を行っている。

製造業からスタートした
ZARAの場合

消費者の需要に応じて商品を開発、製造し、在庫管理、配送、販売を行っている。

チャーなどからの情報を反映して企画され、スペインの自社工場と協力工場で指示書に基づき製品化されます。

　自社の巨大物流センターで値札加工され、ハンガー掛けでヨーロッパには陸送し、アメリカや日本などには空路で週2回の納品スケジュールが組まれています。

📍 ユニクロとZARAの出店地域の違い

　ユニクロの2020年8月での店舗数は国内813店、海外1,439店です。海外出店地域別は北米62店、ヨーロッパ100店で、中国を中心とするアジアが店舗数では特出し、成長もめざましいものがあります。経済成長が見込まれるアジアでの需要の増大に応えるべく、出店は今後も続くと思われます。

　ZARAは2020年12月時点で世界96カ国に2,249店舗、Homeは580店舗展開されています。日本では、ZARAが93店、Homeが18店で、主たる出店先はスペインを筆頭にヨーロッパ、北米の成熟した消費地域が主体です。

Chapter4
09

自社ポリシーに基づいた商品を
店頭販売するセレクトショップ業態

セレクトショップ業態とは、国内外から商品を買い付け、そのセレクト基準の高さで顧客の支持を受け成長してきた業態です。売上・利益を安定させるため、SPAの手法も取り入れています。

📍 岐路にあるセレクトショップ

セレクトショップは1970年代後半に渋谷に登場した、アメリカから輸入したカジュアルウェアを販売する小売店が原点です。英語ではマルチブランドショップ（複数のブランドを販売する店）といいます。1975年にミウラ&サンズを原点とするシップス、1976年にはビームス、1990年にはビームスから分かれたユナイテッドアローズ（UA）が誕生しました。この3社がセレクトショップ御三家と呼ばれています。

1980年代後半から渋カジブームがメンズスタイルとして大流行し、セレクトショップがメディアを通じて大きく注目を浴びました。2000年代には全国で商業施設の開業が相次ぐと、セレクトショップ御三家は、そのテナントとして自社店舗を日本全国に展開、多店化して急成長を遂げました。3社は出店場所や商品構成など、競合部分が多く、販売規模も拡大したため、自社オリジナル製品の開発も導入しました。2008年以降はファストファッションブームによる商品単価下落に対応したセカンドラインブランドをはじめ、ユナイテッドアローズのように、ターゲットに合わせて複数のブランドを展開しています。企画、生産を商社とともに開発するなど、SPAの手法の比重を上げています。

📍 郊外型と自社オリジナル製品のSPA化がカギ

ビームスは2019年2月期で売上828億円です。関連会社ビームスクリエイティブは地方自治体や異業種とファッション的な視点からの協業に取り組んでいるほか、国内各地の伝統的なメーカーとのさまざまな取り組みも注目を浴びています。ユナイテッドアローズは2020年度3月期の売上が1,574億円です。シップ

渋カジブーム
1980年代後半、渋谷で生まれたアメリカントラッドをベースにした独自のスタイルがブームになった。レッドウイング、リーバイス501やルイ・ヴィトンなど多くのヒットブランドが誕生した。

セカンドラインブランド
旗艦ブランドの普及版ブランドのこと。価格も手ごろでボリューム販売を狙う。メインブランドでコミュニケーションを取りづらい新規顧客獲得の入口とされている。

▶ ターゲットに合わせて複数のブランドを展開するユナイテッドアローズ

アストラット　　　イウエン マトフ　　　エイチ ビューティ&ユース　　　オデット エ オディール

コーエン　　　　ザ ステーション ストア　　　スティーブン アラン
　　　　　　　　ユナイテッドアローズ

ティストリクト　　　ドゥロワー　　　ビューティ&ユース ユナイテッドアローズ　　　ブラミンク

モンキータイム ビューティ&　　ユナイテッドアローズ　　ユナイテッドアローズ　　ユナイテッドアローズグリーン
ユース ユナイテッドアローズ　　　　　　　　　　　　　　&サンズ　　　　　　　　　レーベルリラクシング

ユナイテッドアローズ アウトレット　　　　ロエフ　　　　ワークトリップ アウトフィッツ
　　　　　　　　　　　　　　　　　　　　　　　　　　　　　グリーン レーベル リラクシング

スは2019年度売上265億円と、企業規模のさらなる拡大より自社のテイストを優先する企業理念で前2社の拡大路線とは一線を画しています。

　セレクトショップもスーツ専門店などと同様、コロナ禍の影響を受けました。店舗戦略の根本的な最適化やEC化の前倒し、コア顧客層への新しいアプローチ方法など課題が山積みです。今後は郊外型の店舗展開と自社オリジナル製品を中心としたSPA化がさらに進むと考えられます。

Chapter4
10

「衣」から「食」「住」までを
独自の世界観で提案

自社の世界観に共感してくれる顧客をターゲットとしているセレクトショップ。「衣」だけでなく、新たに「食」「住」全般、いわばライフスタイルを提案する動きがあります。

アパレルからライフスタイル全般へ

自社ポリシーに基づき国内外からアパレル製品を買い付け、その世界観で顧客を魅了することで成長してきたセレクトショップですが、前節の通り近年は出店やビジネスモデルの模索が続いています。そこで、時代のファッションリーダーとしての強みを生かし、「衣」から「食」「住」へと独自の世界観による面展開の動きがあり、アパレル産業での大きな流れとなっています。

実はこのライフスタイルを提案するビジネスモデルは、家具の輸入販売からスタートしたサザビー（現サザビーリーグ）が1981年、アフタヌーンティーの店名で家具や家庭内で使用する手ごろでクリエイティブなおしゃれ小物を販売し、新しいライフスタイルを提案したのが初めとされています。その後、「モノ」を所有するより「コト」と呼ばれる経験が価値を持つ時代背景に呼応し、発展しました。商品カテゴリーごとの専門店との違いはプロパー販売期間の長さで、商品回転率は下がりますが、商品評価損を大きく改善することができます。

リスクを取っても重要な郊外やアジアへの広がり

ライフスタイル提案型へのシフトは、サザビーリーグが展開するロンハーマンやアコメヤ トウキョウ、ジュングループのサロン アダム エ ロペ、シップスが郊外に展開するシップス デイズなどが代表で、アダストリアのニコアンドはアジアでの大型店展開にも積極的です。

坪単価の売上や商品回転率はアパレルの効率よりよくない場合もありますが、リスクを受け入れた売り場作りが模索されています。一着の高価な服で感じた幸福感は現在、日々の小さなお気に

サザビー（現サザビーリーグ）
多彩な衣料服飾雑貨、生活雑貨、飲食・サービスブランドを持つほか、アニエス・ベー、スターバックスなどの企業の代理店機能も果たす、輸入卸商社兼小売企業グループ。

プロパー
アパレル業界では、正価販売のことで値引きせずに販売することを指す。

商品評価損
会計上、アパレル製品はシーズンを越えると棚卸資産評価損として計上される。

坪単価の売上
店舗売上高を店舗面積で割った1坪あたりの売上高のこと。

商品回転率
在庫回転率ともいう。一定期間に平均在庫が何回売れたかを数値化したもの。

❯ ニコアンドの店舗

アダストリアが展開するニコアンド

❯ ライフスタイル提案型への移行の背景

引きこもり消費対策
EC販売の成長に見られるように消費者はモノの購入のためだけでは実店舗に足を運ばなくなってきている。「時間を過ごす場所」を提案。

アウトレットモール対策
アウトレットモールはファミリーでの来店が多い。幅広い年齢層にアピールし、店舗に入りやすく滞在時間を長くする。

店舗運営の効率化
来店人数の減少に対して、客単価を上げる必要がある。商品を1つのカテゴリーに特化しないことで"ついで買い"をねらう。

SPAの限界
売れ筋を早く低価格で提供するということは、商品の同質化につながる。ブランドのテーマをさまざまなカテゴリーの商品に組み込むことで付加価値、差別化を生む。

入りの雑貨や家具、カフェでのひとときなどによってもたらされています。アパレルからライフスタイルへ、アパレル産業にとって逃がしてはならない商機といえるでしょう。

Chapter4
11

小売業に不可欠なチャネルに なりつつあるEC販売

2000年代中頃よりネットによる販売が若い世代を中心に新しいチャネルとして大きく成長してきました。店頭で試着して購入するというそれまでの常識を覆し、コロナ禍でその利便性が再評価されています。

拡大・多様化するEC販売

市場規模が横ばいのアパレル産業において、唯一成長しているのがネット販売です。スマートフォンの普及も追い風となり、広い世代に浸透しており、オムニチャネルや越境ECへの投資も拡大しています。さらに、2020年以降のコロナ禍の影響も大きく、EC市場への新規参入が爆発的に増加しているのが現状です。そのため、以前より競争が激しくなっています。海外サイトからも容易に参入できるため、韓国サイトの低価格製品などが日本の若い女性から根強い支持を得るといった事態も起こっています。

EC販売には、いくつかの業態があります。

アパレルメーカーや小売店などが運営する業態と、個人が運営する業態があります。さらに新商品を販売する業態と、いわゆるusedと呼ばれる商品の二次流通の業態です。そして近年の新業態である、サブスクリプションによるアパレル商品がレンタルできる業態です。

アパレルEC販売の3強

アパレル各社が注力しているEC販売ですが、中でもモール系の楽天市場、Amazon、ZOZOTOWNはアパレルの市場規模を拡大しており、3強といえるでしょう。特に楽天は、楽天市場内にハイファッションブランドサイトを新設し、Amazonに「ファッションウィーク東京」の冠スポンサー契約を破棄させるほどの意欲を見せています。その背景には、伸びているとはいえ世界的に見ると日本のEC販売率がまだ低いことが挙げられるでしょう。成長著しいEC販売がさらに新業態への流れを作っていくと考えられます。

越境EC
インターネット通販サイトを通じた国際的な電子商取引を指す。

ファッションウィーク東京
東京で春と秋に行われるファッションイベント。国内外から集客がある。

▶ 全産業のBtoC電子商取引の市場規模およびEC化率の経年変化

出典：経済産業省「国内電子商取引市場規模」

▶ EC販売の業態

メーカー・ブランド系
実店舗を持つ企業が展開するサイト。実店舗とEC販売のチャネルとの融合により、より消費者の利便性の向上を目指す。ビームスのセレクトショップやオンワードHDのオンワードクローゼットなどが積極的。

モール系
ZOZOTOWNや楽天市場のネット上のショッピングセンターを指す。多くのブランドを取り扱い、顧客に幅広い選択肢を提供。

2次流通系
フリマアプリのメルカリなどが有名。

サブスクリプション系
洋服やアクセサリーを購入せず一定の月額でレンタルできる。

モール内EC販売個人サイト
最もEC店舗数が多く、個性的な商品構成が魅力。

CtoCのネットオークション系
ヤフオク！が有名。誰でも簡単に出品できる手軽さが人気。

Chapter4
12

最終販売経路としての
アウトレット業態

毎年の余剰製品に新商品の積み上がりが加わるという深刻な在庫問題に対し、ブランドが自社製品を直営で安く販売するアウトレット業態が生まれ、アウトレットモールは販売チャネルの1つとして定着しています。

自社の在庫処分をするアウトレット業態

バブル崩壊以降、特に、余剰在庫は経営の大きな課題となっていました。消化しきれなかった自社商品を値引き販売して消化するアウトレット業態は、その課題解決のために登場しました。在庫のほかに、サンプル品、汚れやほつれにより正価で販売できないB級品などを販売するところもあります。

アウトレットモールはアウトレットストアが集積したショッピングセンター（SC）です。1995年に三井アウトレットパークが、鶴見はなぽ～とブロッサム（大阪市鶴見区）をオープンさせたのが始まりで、本格的な大型アウトレットモールは三菱地所・サイモンが2000年に開業した御殿場プレミアム・アウトレットです。開業以来、順調に業績を上げ、2020年春にはホテル建設、施設面積の拡大などの工事が完成しました。

アウトレットモールにはかつて、メインブランドの入口としてのセカンドラインブランドの出店も多く見られましたが、アウトレットモールが販路として定着したため、メインブランドがアウトレットストア用の商品を計画的に製造し、安定した売上を挙げる動きも出てきています。

期待されるインバウンド需要

アウトレットモールの出店ロケーションの条件は、大都市圏から1時間以上かかる距離にあり、空港から高速道路でつながり、観光地も近いというもので、地方再生のカギとして高く評価されています。また、コロナ禍以前の2019年には年間3000万人を超える外国人観光客によるインバウンド需要への期待もあり、アウトレットモールは今後も拡大すると考えられます。

地方再生のカギ
地方公共団体にとっては、新たな雇用を生み、観光振興にもつながり、税収の増加も期待できる。

▶ 全国SC売上ランキングTOP10（2018年度）

順位	施設名	売上高	伸び率
1位	成田国際空港 【千葉県成田市】	1432億円	14.90%
2位	ラゾーナ川崎プラザ 【神奈川県川崎市】	953億円	0.70%
3位	御殿場プレミアム・アウトレット 【静岡県御殿場市】	946億円	4.00%
4位	ルクア大阪 【大阪府大阪市】	841億円	15.50%
5位	ららぽーとTOKYO-BAY 【千葉県船橋市】	787億円	0.30%
6位	ジョイナス（高島屋除く） 【神奈川県横浜市】	652億円	3.80%
7位	三井アウトレットパークジャズドリーム長島 【三重県桑名市】	572億円	9.00%
8位	神戸三田プレミアム・アウトレット 【兵庫県三田市】	561億円	4.00%
9位	テラスモール湘南 【神奈川県藤沢市】	551億円	14.20%
10位	ららぽーとEXPOCITY 【大阪府吹田市】	540億円	1.50%

▶ 主なセカンドラインブランド

セカンドラインブランド	旗艦ブランド
DKNY	ダナキャラン・ニューヨーク
ミュウミュウ	プラダ
マークバイマークジェイコブス	マーク・ジェイコブス
JPG	ジャンポール・ゴルチエ
CK	カルバン・クライン
エンポリオ・アルマーニ	ジョルジオ・アルマーニ

Chapter4 13

消費者の意識変化と流通の多様化にマッチした2次流通

2次流通は、サステナビリティの視点や誰でも始められる手軽さで、ますます拡大が期待できる市場です。日本のアパレル製品の品質のよさが新しいビジネスチャンスを生み出す可能性もあります。

店舗・無店舗問わず広がる2次流通市場

株式会社矢野経済研究所の調査によると、衣類や服飾雑貨、アウトドア・インポートブランド品などのファッションリユース市場は、2019年には7,200億円に達し、2020年以降も市場規模はさらに成長すると見込まれています。

2次流通とは、主に中古衣料の再販売のことで、昨今、アパレル業界で新しいビジネスチャンスとして注目され、販売した自社商品を買い取り、補修して再販売するなどのケースも増えています。

たとえば、STUDIOUSを運営するTOKYO BASEは2次流通ビジネスとして「STUDIOUS USED（ステュディオス ユーズド）」を展開しています。自社の取り扱いブランドの服をポイントに換えるしくみで、顧客は着ない服を同社に売って新しい服を購入することができます。また、2次流通では、一般的には価格が抑えられるので、高級ブランドにも手が届きやすくなります。ブランド側にとっても、将来の顧客開拓につながる可能性が高いなど、ブランド側と顧客の双方にメリットが生まれやすいと考えられます。

誰もが取引できる2次流通

フリマアプリのメルカリやラクマも2次流通の1つです。消費者同士で行う商取引をC to Cと呼び、スマートフォン1台あれば誰もが取引できる時代になっています。特に実用衣料は、頻繁に取り引きされています。メルカリで最も取引が多いのがユニクロであることからもわかるように、日本のアパレル製品は2次流通に適していると考えられます。日本の製品は品質管理上で優位性があり、サステナビリティの視点からもますます支持を受け、2次流通市場は成長し続けるでしょう。

実用衣料
生きてゆくうえで必要な衣料類。肌着や室内着でメーカーによる差が少ない商品。

▶ ファッションリユース（中古）市場規模推移・予測

※小売金額ベース、C to C取引における仲介事業者などの販売手数料は含まない。
※2020年以降は予測値。
※市場規模は、アパレル衣類、アパレル雑貨類、宝石・貴金属類、時計、きもの・呉服、アウトドア・インポートブランド品などを対象として算出した。一般家電製品やスマートフォン、ゲーム、CD・DVD、玩具、古銭、楽器類などは含まない。
出典：株式会社矢野経済研究所「ファッションリユース市場に関する調査（2020年）」（2020年04月13日発表）

▶ 2次流通ビジネスの例（セレクトショップ「STUDIOUS」の場合）

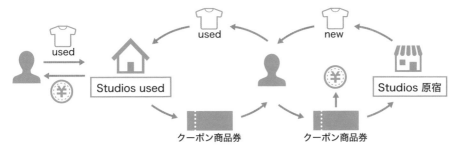

👆 ONE POINT

注目されるオフプライスストア業態

　オフプライス業態は、他社の在庫を買い取り、正価や割引価格で販売します。2019年にワールドがゴードン・ブラザーズ・ジャパンとの共同出資会社によりアンドブリッジの名称でオフプライスストアを展開したことで注目が集まりました。まだ新しい業態ですが、2次流通の1つとして今後の成長が期待されています。

Chapter4
14

販売量を大きく上回る製造が生む余剰在庫問題

大量製造、大量販売のビジネスモデルが社会問題化していますが、過剰製造は続いています。毎期積み上がる膨大な余剰在庫の解決方法の1つが再販売ですが、根本的な解決には業界の改革が不可欠です。

余剰在庫問題の解決方法

アパレル業界は、毎年のように国内販売量の2倍の製品数量を製造しています。廃棄量は毎年約100万トンにもなり、商品の大量廃棄は経済的ロスのみならず、サステナビリティ（持続可能性）や企業の社会的責任の視点からも大きな問題となっています。

在庫の処分にはいくつか方法があります。最も簡潔に行われるのは処理在庫を一括買取専門業者へ売却することです。メリットは、手間をかけずに一括買取ですぐに現金化できる点です。ただし、原価を大きく下回る売却価格になりブランドイメージの低下を招きかねません。

また、売れ残った商品を買い取った専門業者側の再販売方法は複数あります。大幅値引きして自社店舗やウェブでの販売、価格訴求型店舗への卸販売、アジア諸国への輸出などです。

リネームのようなブランドと販売価格を変えての再販売や、2次加工後の販売もあります。ほかに、ファミリーセールなどの自社セール販売という方法もあります。原価以下には値引きされませんが、追加コストを投じての再販売となるため、消化にコストと時間を要します。

早急に望まれる商習慣の転換

一方、まったく解決にならないのは倉庫保管という方法です。経費として倉庫維持費がかかり、商品価値は時間が経つほど減ります。会計上は資産となるため、会社の実像を見誤ることにもつながります。さらに、廃棄処分があります。専門業者に料金を支払い、焼却処分し、経理上も全額損金として計上します。

バーバリーが2018年決算で約42億円もの商品を焼却廃棄し、

サステナビリティ
持続可能性と訳される。将来にわたって機能を失わずに継続できるシステムやプロセスのこと。(P.160)

一括買取専門業者
アパレル業界では、希望する不良在庫をすべて買い取ってくれる業者を指す。ショーイチ、タカハシなどがある。

2次加工後の販売
買い取った商品の2着を組み合わせて1着を作ったり、アップリケや刺繍などをあしらったりして付加価値を付け、新商品として再価格で再販売する。

ファミリーセール
得意先のセールが終わり最終の在庫を社員と社員の知人だけに行う社内向けセール。昨今は規模が拡大している。

▶ アパレル外衣の推定消化率

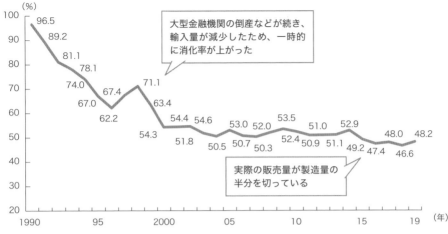

出典：小島健輔著『アパレルの終焉と再生』より著者が作成
※アパレル外衣とは肌に直接身に着ける下着以外の衣料全般のこと。

▶ アパレル販売の負のサイクル

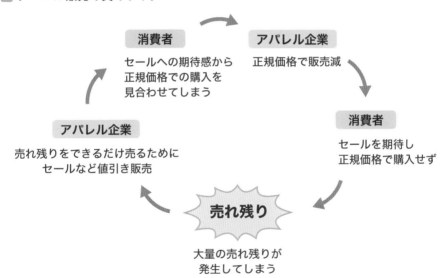

その姿勢が厳しく批判されました。焼却時の二酸化炭素排出による環境問題もあります。アパレル業界の商習慣や意識の転換が望まれています。

オムニチャネル化に対応する
データ分析と感性の両立

消費者の意識や流通の変化により、従来の販売チャネルは通用しなくなっています。それに伴い、消費者に一番身近な販売員に必要とされる知識とスキルにも変化が起きています。

オムニチャネル化で広がるコミュニケーション

AIとネット利用の日常化がアパレル小売業に与える変化はオムニチャネル化です。

店頭販売とネット販売の融合というオムニチャネル化により、販売員の業務環境も変わってきています。とりわけ、ネット顧客の対応、具体的には、顧客が住む地域にかかわらないSNS発信と双方向コミュニケーションの重要性が高まっています。つまり、距離と時間を超越した接客コミュニケーションの拡大です。たとえば、札幌のショップスタッフが沖縄の顧客をフォローできるようになります。海外の顧客も、言語の壁がなくなればより近い存在となるでしょう。新宿店の一番顧客が台湾在住ということも出てくるでしょう。

求められる販売員像とは

ファッションセンスがいい、カッコいい、礼儀正しい、丁寧など、販売員に対する顧客からの評価基準は複数あります。これらの基準が大きく変わることはありません。しかし、企業側からすれば、販売実績と同時に売上効率の向上を図るには、一人ひとりの販売員の戦力化が必要となります。その際に求められるのは、データ数値から情報を読み取れる分析力です。これは経験や学習で身につけることが可能です。今後は、新しい技術やアプリケーションなどに対して、自分から学んでいく姿勢が当然のスキルとなるでしょう。

さまざまなデータが販売分析として提供されるようになった現在、従来、感性でマーケティング予想を行っていたアパレル業界にも販売実績によるデータ分析が定着しています。しかし、デー

▶ これからの販売員に求められるスキル＋α

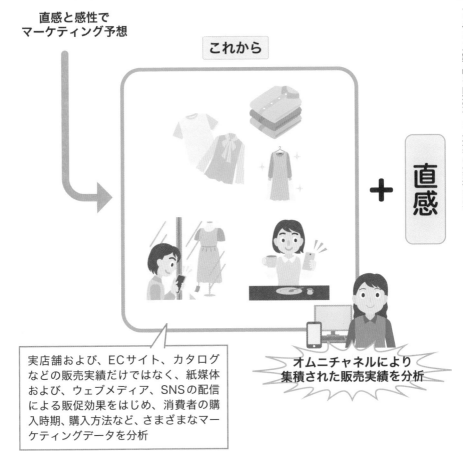

従来

直感と感性で
マーケティング予想

これから

＋ 直感

実店舗および、ECサイト、カタログ
などの販売実績だけではなく、紙媒体
および、ウェブメディア、SNSの配信
による販促効果をはじめ、消費者の購
入時期、購入方法など、さまざまなマー
ケティングデータを分析

オムニチャネルにより
集積された販売実績を分析

タ分析による売れ筋の提案は、他社と類似した未来予測になりが
ちです。アパレル業界の醍醐味の1つに、予想を裏切るマーケティ
ングがあります。この意外性は過去のデータの延長にはありませ
ん。そこには、やはり人間の直感的な感性が必要なのです。デー
タ分析と感性のバランスがとれる人材こそ最適といえるでしょう。

　つまり、基礎知識やスキル以前に、変化をチャンスととらえて
スキルアップを行える人、新しい技術やしくみに抵抗を持たず、
興味を持って取り組める人が、必要とされます。

直感
自らの経験則や知識
を生かして状況を観
察し、周囲からの影
響に左右されずに出
す回答のこと。

スキルアップ
訓練、学習を通して
自身の持つ能力を向
上させることを指す。

コロナ禍で最も影響の少なかった業態

郊外ロードサイド立地に追い風

コロナ禍でアパレル小売業は「当たり前」の大転換が起きました。従来、小売業は「イコール立地」といわれるほど、集客が多い一等地への出店が最短の成長方法でした。百貨店が典型です。家賃の高さは集客力に比例し、売上にも比例しました。

しかし、在宅勤務やリモート会議、リモート商談が社会的に日常になり、ニューノーマル（新しい常態）が進んでいます。

コロナ禍が最初に影響した2020年3月から10月の主要専門店の既存店売上高伸び率を見てみると、まったく影響を受けず、むしろ毎月昨年比を越えたのはワークマンと西松屋チェーンです。要因は立地が郊外型でロードサイド中心であったことです。郊外や地方店は影響がほぼなく、閉鎖が相次いだのは都心の店舗でした。両者は逆に地の利を得たといえます。

都心とロードサイドの両方に展開するユニクロ、しまむら、良品計画の無印良品は2020年6月から回復しましたが、都心中心の百貨店、駅ビル、ファッションビルは客足が戻っていません。スーツ市場の青山商事、AOKIなども卒業、入学、入社の2月から4月の年間最大のスーツ需要期を取り逃がし、オンラインでの面接などの拡大もあって、引き続き厳しい状況が続いています。

顧客に支えられたオーナー店

ニューノーマル下での消費者の購入行動は、都心部での購入から自宅に近く利便性が高いロケーションでの購入に移っています。その中にあって、最も売上減の影響が少なかったのが都心でも地方でも、オーナー自身が仕入れ、販売にまで携る個人の小売店でした。

どんな状況にあってもアパレル小売店の最大の財産は、やはり顧客との深いつながりだと強く再認識できました。まだ先は見えませんが、顧客とのコミュニケーションが築かれていれば、明るい未来が待っているでしょう。

第 5 章

アパレル業界の
多様な職種と業務

アパレル業界の仕事として身近に感じるのは小売業で
すが、それはアパレル産業のバリューチェーンの一部
に過ぎず、製品になり、私たちの手に届くまでには多
くの人がかかわっています。アパレル業界を支える仕
事を見ていきましょう。

Chapter5 01

生産・販売・PRなど各部署をつなぐブランド事業責任者

ブランドマネージャーはブランドを持つ企業のブランド事業責任者として、事業計画に沿って生産・販売・PRなどの各部署の連携をとることで組織全体にブランドイメージを共有させ、目標達成に向かわせる業務です。

ブランド全体のまとめ役

アパレル製造企業のブランド事業計画に沿って事業目標を達成するために、生産・販売・PRなど各部署を連携させるのがブランドマネージャーの仕事です。各部門の意見を収集し、調整、計画の進捗状況を把握し、事業運営を進めていきます。

ブランドマネージャーはブランドの成長のため、実務全般を俯瞰し、まとめていく重要な業務といえます。

ブランドマネージャーの具体的業務

店頭導入時期
各店舗に自社商品を納品する日時のこと。地域や施設によって異なるため、効率的な運用が必要となる。

生産担当部署に対しては、商品の**店頭導入時期**の確認や次シーズンの企画などを共有します。競合他社の現状を把握・共有し、自社ブランドらしい世界観を発展させ、差別化できているかの意見交換にも参加します。

商品移動
商品消化率を高めるために、店舗間で商品を移動させる販売補助活動のこと。

販売担当部署に対しては、店頭商品の動きを見ながら**商品移動**、追加納品などの商品フォロー業務がスムーズに行えるように指示を出します。直営店販売員の管理では、販売員のモチベーションの持続に努め、新商品の情報提供を行います。各販売員のSNS発信や個別の販売促進情報を共有し、販売計画の進捗も確認して、未達成の場合は対策を提案、実施して目標達成を目指します。新規出店についてもブランドイメージに沿ったロケーションや顧客層なのか、周りのショップや競合他社のチェックなども行います。

キャラバン活動
PR担当者が各メディア担当部署にアポをとり、自社商品のサンプルを紹介する活動のこと。

PR部署に対しては、ブランドイメージに合った広告出稿メディア媒体の選定、本社からのSNS発信、全社および各店での販促イベントの情報を共有します。メディアでの露出を図る**キャラバン活動**のため、PR担当部署と販売担当部署と連携し、スムーズな販促活動を促します。

▶ ブランド戦略推進図

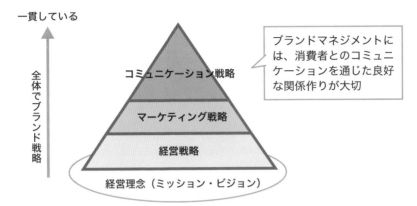

一貫している

全体でブランド戦略

コミュニケーション戦略

マーケティング戦略

経営戦略

経営理念（ミッション・ビジョン）

> ブランドマネジメントには、消費者とのコミュニケーションを通じた良好な関係作りが大切

▶ アパレル業界の仕事

企画・生産
クリエイティブ・ディレクター
デザイナー
パタンナー
マーチャンダイザー
バイヤー
生産管理担当者

**ブランド
マネージャー**

PR・広告
プレス担当者
ビジュアルマーチャンダイザー
スタイリスト

販売
・エリアマネージャー
・小売店店長
・販売員
・EC ネット販売者
・ロジスティックス担当者
・営業担当者

Chapter5 02

ブランドクリエーションを統括する クリエイティブ・ディレクター

アパレル業界では、商品の付加価値を高めることが収益に直結します。ブランドを持つ企業で、アパレル製品だけでなく、広告などあらゆるクリエーションに責任を持つのが、クリエイティブ・ディレクターです。

● ブランド価値をトータルに向上させる

　従来、アパレル業界では、デザイナーが表現する世界観を補完するアパレル製品以外のカタログ製作やCM撮影は、外部のスタッフや専門業者に依頼してきました。しかし、1990年代以降のラグジュアリービジネスの世界的な事業拡大は、アパレル製品のデザインにとどまらないブランド全体のイメージ戦略の重要性を証明しました。店舗デザイン、広告戦略、**プロモーション**方法から店舗で使用される**パッケージデザイン**に至るすべてが、ブランド価値の向上にとって重要となっているのです。

　そこで生まれた業務が、アパレル製品のデザインだけでなく、ブランドのトータルなイメージ戦略やコンセプトを構築し、他社との差別化をプロデュースするクリエイティブ・ディレクターです。クリエイティブ・ディレクターは、インターネットの普及により、情報を世界中に即時に拡散できるようになった昨今、より重要な職種となりました。

● 業務内容と求められるスキル

　シーズンごとのメインテーマ提案から始まる、戦略的でクリエイティブな製作業務全般の管理、監修を行います。具体的には、統一イメージのもとにクリエイティブ製作にかかわる社内外のスタッフの選別、プロデュース、その進捗を管理します。

　業務遂行に求められるスキルも多岐にわたります。まずは「クリエーション力」です。競合ブランドとの差別化、個性を明確に提案できる能力です。さらに「市場の未来を推し量る力」つまり市場のニーズ、トレンドを先取りし、具体的な商品に落とし込む能力がなければなりません。そして、それらを具体化する「**プロ**

プロモーション
顧客に自社商品の特徴やコーディネートを提案し、新しい需要を創造する手段。

パッケージデザイン
商品を入れるケース、包装紙、リボン、ペーパーバッグなどの梱包関連品のデザイン。

プロデュース力
ゼロから最終商品までを作り上げる過程すべてにかかわる業務に対する能力のこと。

▶ クリエイティブ・ディレクターの業務

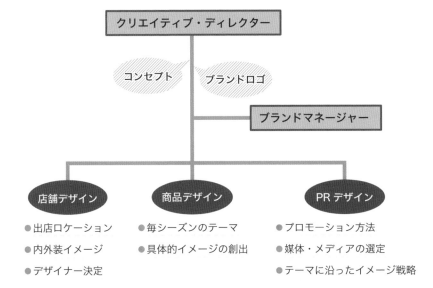

「**デュース力**」も必要です。多くのスタッフを束ねてブランドの方向性を示し、それに向けたクリエーションを予算内で決められた時期までに実現させます。最後に最も大切なスキルは「コミュニケーション力」です。いかにクリエーション力がすぐれていても、コミュニケーション能力が欠けるとクリエイティブ・ディレクターには向きません。スタッフや取引先などと円滑なコミュニケーションをとり、良好な関係を構築する必要があります。

👍 ONE POINT
世界で活躍するクリエイティブ・ディレクター

　コロナ禍にあっても売上が堅調なラグジュアリーブランド。そこで活躍するクリエイティブ・ディレクターには、ルイ・ヴィトンのメンズを担当するストリートファッション（P.15）の雄・ヴァージル・アブロー、自身のブランドとプラダを兼任するラフ・シモンズ、ブランドを渡り歩いても評価が続き、フェンディとディオールオムを受け持つキム・ジョーンズなどがいます。

Chapter5
03

新しい価値を創造し、商品として完成させる

デザイナーの業務は従来のアパレル製品のデザインだけでなく、ヴィジュアル全般へと拡大しています。パタンナーは平面から立体図へ起こし、デザイン画を製品化へ進めます。

さまざまなリソースからデザインを創造

昨今、クリエイティブ・ディレクターを兼ねるデザイナーが多くなり、デザイナーの業務が拡大していますが、中心となるのはやはりアパレル製品のデザイン創造業務です。

デザイナーは、決定した商品の方向性やテイストをデザインチームに投げ、開発を進めます。デザイナーには、デザイン創作のための参考資料である**デザインリソース**が必要です。たとえば、歴史のあるブランドなら自社の過去の商品カタログや販促資料などは、重要なリソースとなります。また、雑誌、写真集、映画、ニュース番組なども、多くのアイデアを生むヒントになります。デザイナーは、それらのリソースを自身のフィルターを通して新鮮な現代のスタイルにアップデートさせます。

そうして創作されるのが**デザイン画**です。大量のデザイン画の中から実際に商品化させるデザインが決まります。

デザインリソース
アパレルの新しいデザイン発想のヒントになる資料類。

デザイン画
デザイナーからパタンナーへの伝達手段となる絵のこと。

デザインを形にするパタンナー

成功するデザイナーには、優秀なパタンナーの存在が必ずあります。平面のデザイン画から立体の商品にするための型紙（パターン）を作るのがパタンナーです。型紙から実際の量産製品にするための作業全般を担当します。

まず、デザイン画から「ファーストパターン」と呼ばれる型紙を作ります。ファーストパターンができると、展示会や営業のためにサンプルが作られます。製品化のためには新商品の企画意図、コンセプトをサンプルで的確に表現する必要があります。製品化が決定したら量産のための「工業パターン」を作製します。工業パターンは標準的なサイズ用に作製されるため、各種サイズ用の

▶ コレクション発表までと当日（例）

コレクションはデザイナー、パタンナーにとってもハレの舞台。約1年前から、時間とコストをかけてサンプル作りを繰り返し行います。コレクション当日も大忙しです。バックヤードで着こなしやコーディネーションの最終チェックを行います。

パターンが必要です。これらを作製することを「グレーディング」といいます。最近はCADでグレーディングを行うことがほとんどです。平面から立体図を起こすには経験と能力が必要で、パタンナーの力量次第でデザインがよくも悪くもなる、非常に重要な業務となります。

👍 ONE POINT

アパレルから広がるクリエイティブなデザイン

アパレル製品以外の販促関連やイメージ戦略に沿った画像や映像制作などもデザイナーの業務になりつつあります。ブランド価値がクリエーションに支えられる現代では、優秀なデザイナーの存在が私たちの生活に入り込んできているのです。

Chapter5
04

アパレル製品の
総合プロデューサー

ブランドを持つアパレル企業には、商品化計画に基づき、商品開発から販売まで一貫して担当するマーチャンダイザー（MD）がいます。マーケティングやトレンド分析から予算や売上まで、ブランドを総合的に管理します。

商品化計画の実行責任者

アパレル製品は通常、発売の約1年前に商品企画をスタートさせます。そのもととなるのが商品化計画（MD:マーチャンダイジング）です。マーチャンダイザーはブランドマネージャーやクリエイティブ・ディレクター、営業や生産管理の担当者らとともに商品化計画を練り上げます。それに基づき、デザイナーやパタンナーに製品化の指示を出し、目標実現を目指します。

マーチャンダイザー業務は大きく4つに分けられます。

情報収集と分析 マーケティングやトレンド、自社ブランドの売れ行き、他社との競合状況などの情報を収集・分析し、どういった商品が売れるのか予測を立てる。

商品企画・開発 分析結果をもとに、デザイナーらとシーズンテーマに沿ったデザインやカラーなどを決め、予算、価格、プロモーション計画なども作成する。

生産管理 展示会などでの受注状況を踏まえ、生産数量などの計画を組み、店頭販売への準備を遂行する。

販売管理 商品販売後は売れ行きの確認や顧客動向を常にチェックし、必要に応じて追加生産なども行う。また、次シーズンに向けた改善点の洗い出しにも努める。

デザイナーのイメージを商品化

商品化計画を実現するためにはデザイナーが持つイメージの具体化が大切です。そのため、マーチャンダイザーはアパレル資材探しも行います。デザイナーが望むイメージの商品化をメーカーに依頼する場合もあり、素材からのデザイン選定、デザインからの素材選びの両方に対応する必要があります。

商品化計画
マーチャンダイジングのことでマーチャンダイザーと同様にMDと略す。詳細は次節を参照。

▶ マーチャンダイザーの業務

① 情報収集と分析

- 前シーズンに売れた商品
- 競合他社での販売状況
- 今シーズンの予想
- 業界のトレンド

③ 生産管理

- 生産体制の決定
- アパレル資材の手配
- 納期管理

② 商品企画・開発

- 情報分析からの予想
- デザイン、アパレル資材などへのアドバイス
- 販売価格帯の決定
- 販促計画立案

④ 販売管理

- 店頭展開計画
- 販促・PR実施
- 各店在庫の調整
- 期中追加の決定

商品を売るために各担当者を取りまとめる司令塔のような役割をしています

生地はメーカーにより特徴があるため、デニムはA社、B社、C社、綿はD社、E社、F社のように幅広い仕入れ先の確保が必要です。**テキスタイルコンバーター**と呼ばれる生地専門の卸業者との協業も行います。また、生地以外のレースやリボン、ファスナー、ボタンなどの副資材の製品情報も収集しておきます。

具体的なデザインが決定するとサンプル用の生地、副資材を揃え、縫製工場やサンプル生産専門業者などへ**縫製仕様書**を添えてサンプル製作を依頼します。

サンプルが上がったら実物をチェックし、デザイナーや営業担当者らと改善を図り、最終サンプルを仕上げます。その後、発注数や製品納期を決定し、最終の生地のメーター数、副資材各社の数量を決定・発注、縫製工場に製作を発注します。多くの部署や関連企業、取引先との高度なコミュニケーション能力と生地や副資材、縫製に関する専門知識や経験が求められる重要な業務です。

テキスタイルコンバーター

縫製工場とアパレル企業との間に入る生地問屋を指す。(P.46)

縫製仕様書

デザイン画を実際の服にするために型紙（パターン）に起こした設計図で、通常はパタンナーが完成させる。

効率的な商品導入と消化率を実現する商品化計画（MD）

上代販売の消化率を最大にし、値引販売を最小にすることはアパレル産業の非常に重要な課題です。店頭、ネット共に製品がより効率的に販売されるには商品化計画（MD：マーチャンダイジング）が必要です。

商品化計画に基づく店頭での商品展開

　商品化計画（MD：マーチャンダイジング）とは、市場動向やトレンドを調査・分析し、消費者の欲求に適合する商品の企画・開発、商品構成の決定、販売方法やプロモーションの立案、予算管理や価格設定などを行う企業戦略、計画のことです。計画達成のためには、消費者に適した「商品」の選別、販売に合った「時期」の決定、販売効率のよい「場所」の選定、在庫を残さない「数量」生産、競争力のある「価格」設定の5つの適正化が必要です。マーチャンダイザーはアパレル企業の各ブランドの指揮官として、5つの適正化を図り、商品の**上代販売での消化率**の最大化を目指します。そのためには、商品の動きに応じた店舗間の商品移動や商品構成修正、追加生産、期中企画などを行い、**販売機会ロス**をできるだけなくすことが必要です。

求められる市場を見極める力

　アパレル業界の販売は、気候、トレンド、顧客心理など、不確定要素が多く、予測は非常に困難です。昨今はAIでのデータ分析ソフト、予測ソフトなどが開発されていますが、あくまで過去の記録の延長線上の予測であり、実際の市場とは誤差が生じます。シーズン需要ピーク時の販売機会ロスをなくし、売り切るためには、優秀なマーチャンダイザーの重要性がますます高まっています。

レディスを例にした販売計画カレンダー

1月 初売りセール開催。集客、売上とも最大。

2月 春物の**立ち上がり**。**プロパー商品**の春物商品が店頭に並ぶ。

3月 **実売期**。春コートやジャケットの**打ち出し**。初旬はコートフェ

上代販売での消化率
入荷商品を当初の上代（メーカーが決めた希望小売価格）で販売した比率のこと。

販売機会ロス
顧客のニーズがありながら、在庫切れなどで販売機会を失うこと。

立ち上がり
新シーズン商品を店頭に投入すること。

プロパー商品
卸業者から正規の流通経路で小売業者に渡った商品のこと。

▶ 秋ものMD計画（例）

シーズン	オータム・シーズン		
	8月	9月	10月
客購買パターン	●上旬および中旬は、リゾート＆レジャーのための最終盛夏物価格商品に集中購買 ●中旬以降、OL層中心に初秋物購買に移る	●上旬は初秋物商品目的購買（まだ盛夏物、晩夏物価格購買あり）。気温27℃を割る中旬過ぎに初秋物購買スタート ●下旬、気温低下とともに初秋通勤物購買活発	●上旬は初秋物と秋物の先行買いとなる ●中旬、気温20℃を切ると、初秋から秋物購買へと変化。下旬には秋物価格＆冬物商品への反応高く、先行買い目立つ
営業戦略テーマ	夏物ラストチャンス・セール 50～70％オフ・セール	オータムシーズン・ベストスタイリング・キャンペーン スタンダードカジュアルアイテム・コレクション ブレザーフェア	ビジネススーツフェア オータム・バザール
	〈夏物在庫最終処理〉	〈晩夏物在庫処理〉	〈初秋物在庫処理〉
中心アイテムグループ	●パーカ、トレーナー、カジュアルシャツ ●チノパン、キュロット ●ブラウス、パンツ、セットアップスーツ ●リゾート物、オフプライス物	●パーカ、トレーナー、カジュアルシャツ ●ウールパンツ、クルーネックセーター ●トレンチコート、セットアップスーツ ●ブレザー＆ノーカラースーツ（リクルート）	●カジュアルシャツ、カットソーセットアップ ●コーデュロイパンツ、ロングスカート ●ハイネックセーター、ニットアンサンブル ●ジャケット、トレンチコート ●ブレザー＆ノーカラースーツ（リクルート）

アなどを実施し、中旬以降は卒業式・入学式に向けた商品展開に。学生の春休みでカジュアル商品の購買も増大する。

| 4月 | 年度初め。**軽アウター**の打ち出し。朝晩の気温差が激しいのでカーディガンなどの需要も高まる。

| 5月 | 春から夏へ気温上昇。ブラウスや半袖シャツ、薄手のカットソーなどの需要も増え、ゴールデンウィークや季節の変化から実売期が続く。

| 6月 | 盛夏物のプレセール時期。

| 7月 | リゾート向け・夏のセールの開催、客層拡大。

| 8月 | 夏のセール終了。秋物の立ち上がり。残暑であれば晩夏物商品として着られる秋カラーも展開。

| 9月 | 軽アウターの打ち出し。暑さが残るので初秋物の購買意欲は後半から伸び、薄手のジャケットの打ち出しも。

| 10月 | ニット打ち出し。季節が切り替わり秋物の実売期に。

| 11月 | 冬コートの打ち出し、冬物シーズンが本格化。

| 12月 | 実売期。プレセール、クリスマス需要や年末年始の店舗営業日、初売りの準備など1年で最もあわただしい時期。

実売期
シーズン前に展示している商品が実際に売れる期間のこと。

打ち出し
目立つ場所にディスプレイしたり、販売員が着用したりして販売に注力すること。

軽アウター
春や秋の温度調節のための、軽い羽織りもののこと。

Chapter5 06

次シーズン向けの販売予算と仕入れを担当

商品化計画（MD：マーチャンダイジング）に沿った仕入れ計画を起案し、商品を買い付けるのがバイヤー（仕入れ担当者）の業務です。川中企業の場合は素材や副資材を、川下企業の場合は販売商品を仕入れます。

シーズンの販売結果を左右する仕入れ業務

バイヤー（仕入れ担当者）は、販売計画達成のための商品化計画（MD）に沿った商品買付計画を立案・作成し、仕入れ先からの納期も確認して発注（バイイング）する責任者です。川中のアパレルメーカーのバイヤーであれば、生産計画に沿った生地などアパレル資材を発注し、製品の適正な**納期管理**までが責任範囲となります。川下のアパレル小売店バイヤーの場合は、MDに沿った販売計画を作成し、商品および仕入れ数量を確定します。アパレル商品が国内仕入れであれば**フォロー可能商品**と不可能商品を分別し、仕入れ先各社に予算内での概算を振り分け、販売予算達成を目指します。海外仕入れの場合は、海外展示会でサンプルを確認し、半年先の納期を基本に商品情報を集め、数量や納期など発注内容を調整し、手配します。

当然のことながら、何を、いつ、どれだけ仕入れるかによって販売結果が大きく左右されるため、バイヤーの業務は非常に重要です。消費者ニーズやトレンドを見極める情報収集・分析能力、経験とセンス、ブランドコンセプトや商品への深い知識と理解、仕入れ先とのタフな交渉力、体力、語学力も求められます。

変わる展示会とバイヤー業務

現在、コロナ禍で展示会が開催されず、ネットでの展示会へと移行しています。川中のバイヤーの場合、生地もネットでの展示会開催となり、海外渡航せずに商品を閲覧できるようになりつつあります。生地の手触りや風合いはより緻密な映像で紹介され、価格などについてもメールでの交渉となっています。川下のバイヤーの場合、製品のモデル着用画像が配信され、バイヤーや営業

納期管理
予定通りの納期を厳守するための管理業務のこと。

フォロー可能商品
仕入れ先に在庫があり、発注するとすぐに納品可能な商品のこと。

▶ バイヤーの位置付け（小売業の場合）

小売店店長、販売員

販売時の役に立つような商品のコンセプトを説明すると同時に、バイヤー自身が販売員となる場合もある。

マーチャンダイザー（MD）

MDが決定した商品化計画、商品構成計画、販促計画に沿って仕入れを行う。

バイヤー

プレス

広告を掲載したり、雑誌などのメディアに露出する際に、露出させる商品の案を出す。

ビジュアルマーチャンダイザー（VMD）

装飾を依頼し、仕入れた商品に合わせた売り場作りをする。

▶ バイヤー（仕入れ担当者）の業務

仕入れ計画の立案	PR計画との連動
● 定番とシーズン売切り商品比率 ● プロパー消化率の設定 ● サイズ明細、カラー明細の決定 ● 納期管理	● 商品の店頭導入との連動 ● 注力商品の決定 ● PR素材の入手や提供

販売現場への情報提供	上司への報告
● 商品情報・導入時期 ● 売り場作り	売上計画の進捗 納期確認と対策 計画未達時の対策

担当者が視聴可能となっていますが、まだ各社が模索中です。

　ニューヨークから始まった2020年の**大型ファッションウィーク**も、リアルとネットが融合したファッションウィークのあり方を模索した中での開催となりました。国を越えた移動が困難になったことで、新商品の紹介、**サプライヤー**とバイヤーとのコミュニケーション方法が大きく変化しています。そのような状況下でも新商品情報の収集や市場変化に対する敏感なアンテナが必要であることには変わりがありません。マーケット、商品への継続的な興味を持ち続け、販売現場担当者とのコミュニケーション力が必須なのも同じです。**計画と実績の進捗**への理解力が必要なのもいうまでもありません。

大型ファッションウィーク
業界をリードする新作のコレクションがニューヨーク、ロンドン、ミラノ、パリと続く日程で秋冬（2〜3月）と春夏（9〜10月）の年2回組まれる。2021年春夏コレクションは2020年9月、ニューヨークを皮切りに行われたが、不参加のブランドも多かった。

サプライヤー
商品の素材や副資材、またアパレル商品やサービスなどを供給する事業者のこと。

計画と実績の進捗
販売計画の売上、利益などの数値と、販売実績数値の過不足のこと。

Chapter5 07

戦略的な業務として進化するロジスティクス

商品生産にかかわる国や地域がグローバルに広がっている現在、コストと輸送時間の低減が大きな課題となっています。アパレル業界でもロジスティクスの変革・進化が進んでいます。

サプライチェーンを支えるロジスティクス

物流とは、物資（商品）を供給者から需要者に移動する活動のことで、6つの機能（輸送、保管、荷役、包装、流通加工、情報システム）を含む物の流れを指します。一方、**ロジスティクス**とは必要な商品を、必要な時に、必要な場所に、必要な数量だけ、より低コストかつスピーディーに供給するしくみのことです。したがって、ロジスティクス担当者の業務は、全社的な視点で経営管理の最適化を実現していくことといえます。

ロジスティクス
軍事用語で、前線部隊にさまざまな軍需物資を補給する後方支援活動が由来。物流機能を通じて経営管理の最適化を図る戦略、システムを指す。

アパレル業界は多段階な流通構造

アパレル業界には、糸から生地、そして製品の製造、販売と、多くの企業がかかわっており、大量生産・リスク分担を背景とした分業的な体質が顕著で、国内の素材の生産業者と小売業者の結び付きが希薄です。また、製造においても、糸や生地の製造、染色加工、縫製といった各段階も分業構造となっています。こうした**サプライチェーン**の分断により、情報共有の不足、長いリードタイム（P.90）、中間マージンなどのコスト高といった課題があり、アパレル製品は中国などからの輸入依存が強くなっています。

サプライチェーン
アパレル産業では、糸素材の供給者から最終の消費者までの過程すべてを指す。

現在、SPA型のアパレル企業が消費者に支持され、拡大しています。このことからも日本の物作りの強みを生かす各工程での産地・企業間や異業種間の連携、良質なものづくりにこだわる販売業者やデザイナーとの協業、新たな地域ブランドの確立など、サプライチェーンの再構築を進めることが求められており、国もこうした動きを積極的に支援しています。

アパレル業界におけるロジスティクス担当者には、新たなサプライチェーンを理解し、自社のみならず物流全体の改善を模索し

▶ アパレル業界のサプライチェーン（例）

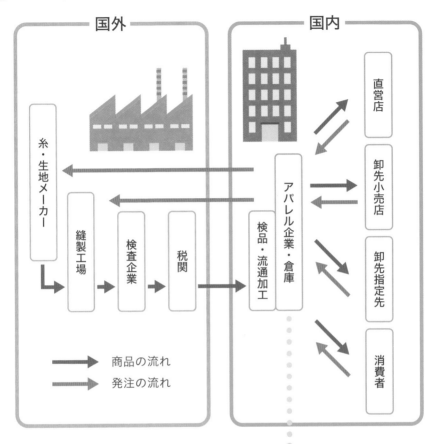

国外　国内

糸・生地メーカー

縫製工場　検査企業　税関

検品・流通加工

アパレル企業・倉庫

直営店

卸先小売店

卸先指定先

消費者

→ 商品の流れ
→ 発注の流れ

CUEBUS（キューバス）が提案するリニアモーターを使った自動倉庫のイメージ図。BOXを組み合わせるユニット構造形式（特許取得）として大規模はもちろん、小規模でも利用可能。

自動倉庫イメージ図
写真提供：CUEBUS

続ける継続力と実行力、そして供給元から店頭に至るまでのコミュニケーション能力が求められます。

Chapter5 08

ブランドの魅力を訴求する ヴィジュアルマーチャンダイザー

視覚（ヴィジュアル）はアパレル製品の特長を一瞬で顧客に伝えることができます。製品の魅力を引き出すウィンドウディスプレイや店内の見せ方で売上に大きな影響があります。

店頭のディスプレイは"大切な顔"

ヴィジュアルマーチャンダイザー（VMD）は、マーケティング戦略に沿ってブランドの魅力を最大限にアピールするために、実店舗のウィンドウや店内ディスプレイなどを創作します。昨今はEC販売の成長に伴い、ECサイト運営などにもかかわる業務で、ショップの売上を左右する重要な職種です。ブランドの魅力を深く理解し、常に新鮮な魅力を視覚化できる能力が必要です。また、買いたくなるような商品の見せ方の立案・実施はもちろんのこと、その意図を店舗スタッフに伝えるコミュニケーション能力、ウィンドウ製作技術が必要とされます。

売り場作りのスペシャリスト

購買率
来店客をどれだけ購入客に転換できたかを示す、店内分析の重要指標の1つ。

集客率
実店舗ではアプローチ数に対する来店人数比率、ネットではコンバージョンで測る割合のこと。

注力商品
そのシーズンに全社を挙げて販売に最大限注力する商品のこと。

実店舗では大きく、VP、PP、IPの3種類の業務があります。VP（ヴィジュアル・プレゼンテーション）は、ブランドのコンセプトやイメージ、シーズンや推奨品を視覚的に表現しながらショップ全体の雰囲気を作ります。特に、入口やそれに面した通路部分のウィンドウが重要で、思わず入りたいと感じさせるショップにすることで、**購買率**や**集客率**のアップを図ります。PP（ポイント・プレゼンテーション）は、ブランドが取り扱う商品の中から推奨品や**注力商品**をピックアップし、その魅力を最大限に引き出す着こなしやコーディネートを生み出す業務です。IP（アイテム・プレゼンテーション）は、それぞれの商品を分類・整理することで、より見やすく、より魅力的に、より手に取りやすいように商品レイアウトを表現する業務です。多種多様な商品を手に取ってもらうための要の役割です。直接的な購買行動と深く結び付くため、商品を効果的に陳列、演出することが重要です。

▶ VMDプラン

PP 戦略商品

- IP（アイテム・プレゼンテーション）の中から特定の商品をピックアップし、商品自体の持つ魅力、特徴や着こなし、コーディネートなどを視覚的に表現するスペース
- それぞれのコーナーの顔となる商品プレゼンテーションであり、見出しのような役目
- テーブル什器の上、棚什器上部、ラックエンド、壁面上部、柱周り上部などで展開

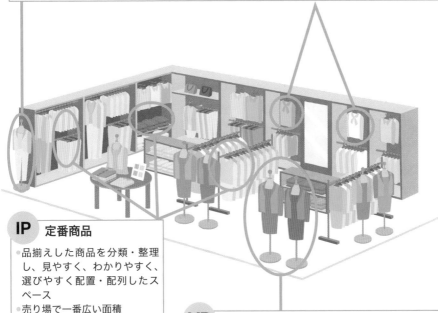

IP 定番商品

- 品揃えした商品を分類・整理し、見やすく、わかりやすく、選びやすく配置・配列したスペース
- 売り場で一番広い面積
- 棚、ハンガーラック、ガラスケースなど、商品を陳列するための什器で展開
- 品揃えテーマが、ひと目でわかるように並べる

VP シーズンテーマ商品

- 企業・ブランド・ショップ・フロアなどのコンセプトやイメージ、シーズンテーマ、重点商品などを視覚的に表現するスペース
- 注目度を高め、店頭から店内に顧客を誘導する重要な役目
- ショーウィンドウ、メインステージ、フロアのテーマゾーン、売り場のマグネットポイントなどで展開

　ネット販売の場合は、ECサイトで使用する画像の仕上がりから商品の細部の見せ方や、並びなど構成にもかかわります。場合によっては商品撮影に立ち合い、チェックも行います。店舗販売、無店舗販売にかかわらず、ビジュアルからブランドイメージ、世界観を伝え、ブランドの魅力を顧客に届けます。

マグネットポイント
マグネットとは磁石のこと。顧客を引き付けるために特に工夫された棚や一角を指す。

ブランドの顔であり
裏方でもあるプレス業務

アパレル業界でも憧れの職種の1つであるプレス担当者。しかし裏方の仕事も少なくない業務です。アパレル業界では社内担当者や外部の代理店、PR会社と協業してブランドを訴求します。

ブランドを支える地道な業務

プレス担当者は、ブランドの顔として、メディアをはじめスタイリスト、一般顧客や販売員など、ブランドにかかわるすべての人たちと直接的・間接的にコミュニケーションをとり、ブランドイメージを戦略的にコントロールする業務です。**プレスルーム**におけるスタイリストへのリース（商品貸し出し）対応、メディア取材対応、プレスイベントの**オーガナイズ業務**、撮影の立ち会い、PR企画立案、**SNSの更新**など、幅広く担当します。

プレス担当者は担当する商品や店舗のPR（**パブリックリレーション**）として、より多くの消費者の認知を獲得しなければなりません。その業務は多岐にわたります。一見、おしゃれで華やかな業務ですが、戦略的にPRを考える裏方が重要なプレス業務といえます。

メディアとの人間関係が最大の資産となる職種

ブランドの顔として自身がメディアに出る機会があるのがプレス担当です。関係者はもちろん、顧客にも好感を持ってもらえるような話し方や立ち居振る舞いも必須です。テレビや雑誌などのメディアへの貸し出しや展示会、ショーの運営などで自社以外のスタッフとの仕事も多く、スムーズに裏方業務もこなせる地道さを備えている必要があります。

相手を選ばない高度なコミュニケーション力、ブランドイメージにつながる自身の演出力、ブランドへの深い思いと理解、必要となればいつでも何にでも飛び込める突破力も求められます。自社ブランドをしっかりとアピールできる能力とアパレル業界、メディア業界に関する深い理解と知識とネットワークが必要です。

プレスルーム
テレビ・雑誌・新聞・映画などの衣装協力など、貸出や宣伝関係を担当する部署のこと。

オーガナイズ業務
イベントを効果的に計画・準備し、実現する業務を指す。

SNSの更新
インスタグラム、フェイスブック、ツイッターなどのSNSを活用し、自社商品を訴求するための情報更新業務をいう。

PR（パブリックリレーション）
Public Relationsの略。自社の発信（プレスリリースなど）でより多くの人々に情報を伝えること。

▶ プレス担当者の業務

── 対 メディア アパレル 関係者 ──

- カタログ撮影の立ち会い、ブランドの世界観やシーズンコンセプトが現されているかのチェック
- ブランドの新作カタログ制作やプレスリリースの発信・フォロー
- スタイリストへの商品貸し出し・返却管理業務
- PR方法の立案・実施、継続的アプローチ
- シーズンごとの展示会やショーの企画・運営・フォロー

── 対 消費者 ──

- インスタグラムやツイッターなどのSNS更新
- ブランド認知の向上

ブランドを訴求するための
準備段階の仕事がメインです

▶ 展示会（例）

写真提供：ワンオー（2021FW PR01.TRADESHOWより）

👍 ONE POINT

ハレの日ばかりではないプレス業務

　お祝いのイベントや展示会開催、新商品発表会で営業担当者とともにメディア関係者を多数集めるのも、プレス担当者の業務の1つです。特に展示会は、日頃の業務の集大成といえるでしょう。一方で、万一会社に不祥事が発生した場合は、プレス担当者がコンプライアンスの面からもできるだけ迅速に会見を設定し、原稿を用意して社内で共有します。華やかさばかりではないのがプレス担当者の業務です。

Chapter5
10

多岐にわたる
プレス担当者の日常業務

華やかに見えるプレス担当者の普段の業務を見てみましょう。地道な作業の積み重ねなのはプレス業務も変わりません。メディアでの取り上げは競合企業も常にアプローチしているため、いかに差別化を図るかが重要です。

いかに消費者への露出を増やせるかがカギ

特集テーマ
雑誌が季節や流行などに合った特集を組む際のテーマのこと。

プレス担当者の業務は、メディア掲載記事などの情報共有とスケジュール確認から始まります。各ファッション雑誌の**特集テーマ**情報を収集し、テーマに合わせた商品情報を提供する準備を開始します。各メディアに商品紹介する機会をメールや電話などで獲得し、出版時期に合わせて各誌編集部にサンプルを持って訪問する「キャラバン」と呼ばれる活動やスタイリスト、ライター、インフルエンサーとのコミュニケーションを深めるのも重要です。

大切な日常業務の1つにプレスリリースの作成と発信があります。自社のニュースや新商品の特徴をA4のペーパー数枚にまとめ、各メディアにメールなどで送付・フォローし、情報の拡散を図ります。

ブランドイメージを守ることも仕事

スタイリストや各種媒体からのサンプル貸し出し依頼が来ることもあります。その際は掲載媒体や使用方法などを必ずチェックし、ブランドの世界観に合った露出を考えます。

クレジット（自社ブランド名）露出
映画やテレビ番組では、協力者リストがエンドロールに出る。

映画での使用の場合は系列衣装社から、テレビ番組の場合は制作プロダクションのスタイリストから依頼があります。**クレジット（自社ブランド名）露出**の有無で有償か無償かを判断します。サンプルが貸し出しから戻った際には破損、数量などの問題がないかをチェックし、管理します。

ロケーション場所
通常の営業時間以外に撮影に貸し出してくれる場所を確保することもプレス担当者の重要な業務とされる。

カタログなどの撮影時にはスタジオや**ロケーション場所**を準備し、スタッフのキャスティング、スケジュール調整をします。撮影が深夜や早朝になることもあります。

▶ プレス担当者のある1日（例）

9：30	朝礼・プレスルーム整理整頓
10：00	雑誌編集者アポイントメント＆貸し出し対応
11：00	スタイリストアポイントメント＆返却対応
12：00	ランチミーティング　貸し出し・掲載状況の確認
13：30	新製品のプレスリリースの作成・発信準備
15：00	営業担当者との来期商品イメージ打ち合わせ
16：30	スタイリストアポイントメント＆貸し出し対応
17：30	雑誌掲載原稿チェック即日お戻し
18：00	プレス日誌記入後・移動
19：00	新店オープンパーティメディア対応
21：00	パーティ終了

👍 ONE POINT

目に留まるプレスリリースを作るには

　メディア関係者は年間約4万通ものメールを受け取り、その3分の2は、各種企業からのプレスリリースだといわれています。まずは膨大なメールの中で、興味を持ってもらわなくてはなりません。そのためには、情報が新しく、具体的な事業や客観的なデータに基づく信頼感があり、世の中や消費者に必要な情報であることが重要です。つまり、自社が発信したい情報だけでなく、メディアや消費者にとって必要であるかという視点も必要です。ニュース価値の高い「FMO」（First：日本初、世界初など。Most：日本一、世界最多など。Only：唯一、日本限定など）を意識したプレスリリース作成が求められます。

必要なアイテムを揃え
場面に合わせたスタイリングを提供

雑誌、広告、映画、テレビ番組など、そのシーンと出演者やモデルに合った衣装、アイテムを揃えてコーディネートするのがスタイリストの業務です。現場では衣装の細かな調整にも対応し、商品と作品をより美しく見せます。

商品と着る人の魅力を最大限引き出す仕事

　スタイリストに特別な資格は必要ありませんが、洋服に関しての知識、情報に精通している必要があります。スタイリスト業界は、現在も徒弟制度的な面が残っていますが、レディスの場合はアパレル販売員や編集者からの転職者など多彩です。スタイリスト事務所に所属して活躍する場合とフリーランスで活躍する場合があります。タレントのスタイリング業務をする事務所などに所属しながらフリーランスとの両建ても可能です。

　業務としては、クライアントとの打ち合わせで目的に合ったイメージを練り、コーディネートを考えるところから始まります。使用する衣装の方向性が決定したら、撮影に向けて衣装やアイテム（シューズ、帽子、バッグ、小物など）をレンタルやリースなどで用意します。それらを揃えて撮影現場に持ち込むので、体力仕事の側面もあります。

　撮影や収録の当日は、モデルや出演者に衣装を着てもらい、メイク担当やカメラマンなど他のスタッフと協力しながら作品を完成させていきます。衣装にシワなどがないようにスチームアイロンなどで整えます。モデルや出演者のサイズに合わせてその場で微調整するための小道具と技術が求められ、衣装替えごとの微調整も必要になります。シーン数によっては多くの衣装やアイテムが必要なため、洩れることのないよう準備します。映画衣装など、場合によっては時代考証から衣装製作の手配、指示まで受け持ちます。各社からのピックアップや返却などの業務も発生します。当然、汗や汚れのついたものは現状に戻し、返却します。

徒弟制度
中世ヨーロッパの手工業ギルドにおいて、親方・職人・徒弟の3階層によって技能教育を行った制度。アパレル業界では、有名なスタイリストのアシスタントとなり、一定の経験を積んだあとに独立するケースが多い。

時代考証
衣装、道具、装置などが物語の時代に合っているか考証すること。

▶ スタイリストのある1日（例）

6：30	雑誌撮影　ロケーション場所に衣装持ち込み・準備
7：00	モデル到着　撮影開始
8：30	撮影終了、片付け
	小休止・移動
10：00	撮影用リース衣装、シューズを返却
11：00	検品・返却完了、雑談
12：00	ランチ兼次回撮影衣装イメージ打ち合わせ
14：00	リース先来シーズン展示会訪問
	移動
15：00	次回撮影場所のロケハン・現場確認
	移動
16：00	スタジオ入り　カタログ撮影用衣装持ち込み
16：30	モデル到着　撮影開始
18：00	撮影終了、片付け
	移動
19：00	事務所戻り、スケジュール確認、雑務

◉ パーソナルスタイリングサービスも定着

　昨今は、個人向けの**パーソナルスタイリングサービス**も一般化しつつあります。SNSの普及により、画像や映像をより見栄えよくするための需要で、クライアントのショッピングに同行して服選びやコーディネートの提案などを行います。コロナ禍で在宅勤務が日常化している現在、就活や婚活など、特別の場面での服装はより重要な意味を持つようになっており、センスのいいソフトを提供するスタイリストが注目される理由になっています。

パーソナルスタイリングサービス
一般の個人に対して洋服などのコーディネートなどをアドバイスしたり、買い物に同行したりするサービス。

Chapter5 12

実店舗運営の責任者としての対応力とスキルが必要

店舗運営のための計数管理、人事管理、商品管理、販売員教育に加え、自らも販売を行うため、責任とやりがいがあります。販売責任者として顧客の購入傾向や要望を本社担当部署に報告するのも業務です。

実店舗を支える現場の責任者

アパレル小売店の店長業務の中心は店舗運営と予算管理です。

まず、店舗運営ですが、スタッフの人員配置、**シフト管理**を行います。春夏物や秋冬物などのシーズン性や曜日、時間帯に沿った配置を計り、スタッフの適性にあった役割分担を実施します。スタッフへの商品知識、接客技術などの**OJT教育**も必要です。風通しのよいコミュニケーションを通じて、スタッフの潜在的な適性を把握することも重要となります。店舗の資産管理も重要な業務です。内外装をいつも清潔に保ち、顧客が気持ちよく来店し、買い物を楽しめるよう心がけることは言うまでもありません。在庫管理は現金管理と同じで重要な業務です。

予算管理では、売上だけでなく経費管理も必要です。企業によって、各店舗の売上予算を販売員個人で組む場合とチームで組む場合とあり、どちらも一長一短がありますが、朝礼時に予算進捗、目標確認、連絡事項などをスタッフと共有することが大切です。予算達成に懸念が生じた際、**経費予算**が不足する際は早めに対策を立て、本社担当部署に相談し、改善を図ります。

また、企業規模にかかわらず法令遵守が重要です。採用時に決定した労働条件など、労働基準法といった法令を遵守した運営が求められます。本社担当部署との情報の共有と正確なホウレンソウ（報告・連絡・相談）業務も重要で、本社担当部署に正確な予算推移、**商圏分析**、競合店情報などを伝えます。

変革の時代の実店舗を支える人材育成

店舗は収益を生むだけでなく、スタッフの将来につながるOJT教育の場でもあります。店長自身がより高い販売力、オペレーショ

シフト管理
従業員の勤務時間帯や組み合わせを管理すること。従業員の希望時間帯や休日の取得を実現しやすくすることで店舗運営の円滑化を実現する。人手不足の現在、労働力の確保は重要な店長業務の1つ。

OJT教育
OJT（On-The-Job Training）とは、職務現場における業務を通して部下の教育・指導を行うこと。

経費予算
店舗運営に必要な経費。人件費のほか、消耗品購入、店頭販促物の購入、テナント出店先施設のキャンペーン協賛費などがある。

商圏分析
店舗の集客範囲（商圏）を設定し、その範囲の顧客情報や同業他社情報その他を収集、分析すること。

▶ 小売店店長の役割

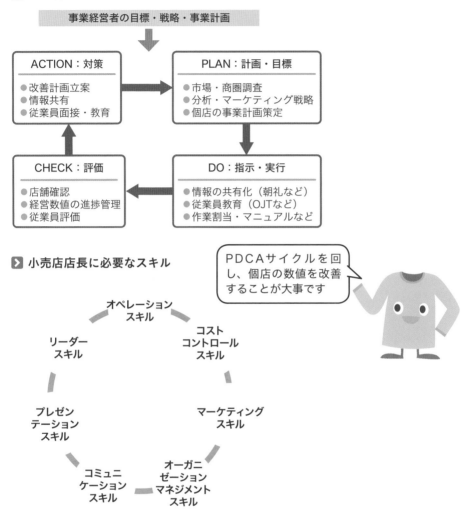

▶ 小売店店長に必要なスキル

ンスキル、コミュニケーションスキルの獲得を目指し、各スタッフが学べる雰囲気を作ることが必要です。オムニチャネル化（P.20）、EC化が進み、実店舗の意味が問われている現在、顧客を引きつける魅力的な店舗を作るためには、個性的な販売員育成は不可欠です。店長にはブランド、商品知識、業界動向、市場の知識に興味を持ち、目標達成への強い実行力と向上心、スタッフを育て、まとめるリーダーシップと人望が望まれます。

Chapter5
13

販売員から始まる
アパレル業界の仕事

アパレル業界で働く際の入り口となるのが実店舗の販売員業務です。知識や経験がなくても始められ、多様なスキルが学べてやりがいと自己成長を実感できます。SNSの活用など、職務内容が変わりつつあります。

対面販売だけでなくSNSでの発信も必要

大手アパレル企業に入社しても、販売職からスタートするのが通常であり、実店舗の販売員はアパレル業界の経験がない人でも始めやすい職種です。具体的な仕事内容は、接客とレジ打ちがメインとなります。開店時や閉店時に店内外を清掃することも大切な業務です。顧客や関連業者からの電話応対や商品のギフト包装をすることもあります。キャリアを積めば、**ディスプレイやレイアウト**、入荷の検品、在庫管理なども任されるようになります。

近年は、実店舗とともにECサイトの運営を行っているところがほとんどなので、インスタグラムやツイッターなどのSNSを使った販促業務がさらに重要になっています。自分が紹介した商品やコーディネートが販売に直結することもあるでしょう。

販売員からのキャリアアップの道

一般的なキャリアアップとしては、現場で販売経験を積み、店舗のチーフ、副店長、店長への道があります。店長として新人教育、スタッフの人事、売上・経費の予算管理などの業務をスキルとして磨いていくコースは、王道のキャリアアップといえます。また、商品知識を生かし、仕入れ・販売計画を担うマーチャンダイザー（MD）やバイヤーへのキャリアアップも可能です。

スタイリストの道もあります。最近は個人向けのパーソナルスタイリング業務（P.128）も一般化しつつあり、接客で身につけたスキルを生かせるでしょう。営業職やPR職も、接客スキルを生かせる職種といえます。販売職で培った接客技術やスキルは、どのようなキャリアアップを目指すうえでも大きな財産となるでしょう。

ディスプレイ
展示の意味。アパレル業界ではショーウィンドウや店内の什器に商品を飾ること。

レイアウト
アパレル業界では店内の什器や器具などの配列や並べ方を指す。

▶ アパレル販売員という仕事をしている理由 （n = 400・複数回答）

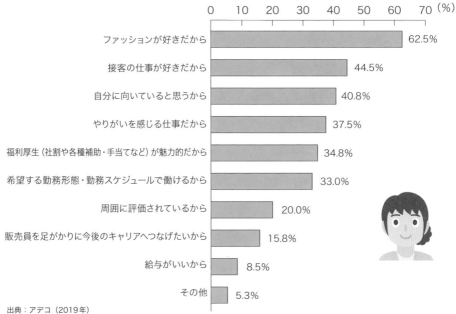

理由	割合
ファッションが好きだから	62.5%
接客の仕事が好きだから	44.5%
自分に向いていると思うから	40.8%
やりがいを感じる仕事だから	37.5%
福利厚生（社割や各種補助・手当てなど）が魅力的だから	34.8%
希望する勤務形態・勤務スケジュールで働けるから	33.0%
周囲に評価されているから	20.0%
販売員を足がかりに今後のキャリアへつなげたいから	15.8%
給与がいいから	8.5%
その他	5.3%

出典：アデコ（2019年）

▶ アパレル販売員としての仕事にやりがいを感じるとき （n = 400・複数回答）

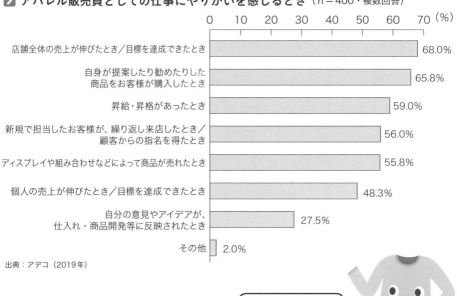

やりがいを感じるとき	割合
店舗全体の売上が伸びたとき／目標を達成できたとき	68.0%
自身が提案したり勧めたりした商品をお客様が購入したとき	65.8%
昇給・昇格があったとき	59.0%
新規で担当したお客様が、繰り返し来店したとき／顧客からの指名を得たとき	56.0%
ディスプレイや組み合わせなどによって商品が売れたとき	55.8%
個人の売上が伸びたとき／目標を達成できたとき	48.3%
自分の意見やアイデアが、仕入れ・商品開発等に反映されたとき	27.5%
その他	2.0%

出典：アデコ（2019年）

顧客に一番身近な存在が販売員です

Chapter5

14

アパレルの主要販売チャネルはECへ

定着したEC販売は、コロナ禍によりますます消費者獲得競争が激化しています。新しいサービスが生まれ続けている将来性のある職種で、活躍の幅がさらに広がると考えられます。

成長し続ける販売チャネル

EC販売業態が生まれて約20年経ち、現在では日常の業態となりました。誕生以来、小売市場でのシェアを伸ばし、成長し続けているチャネルです。ネットショップは大きく、自社サイト型ECショップとモール型ECショップに分けられます。

ランディングページ
ウェブサイトをクリックして最初に現れるページのこと。

自社サイト型ECショップの顔ともいうべきランディングページの制作・編集は専門性が高く、ウェブ制作専門スタッフがページの企画から設計、商品撮影、ページ完成までを担当します。集客のために日々ページを更新することも必要です。

受注管理画面で商品の注文内容や届け先などを確認し、自社発送ならピッキングして商品発送の準備をします。商品発送を外注している場合は発送業務は発生しません。問い合わせ対応も必要で、メールでのやり取りが主体ですが、電話対応もあります。問い合わせ内容によって、商品知識や専門知識（配送関係、卸販売など）が求められます。各種媒体への広告出稿も運用次第で売上に直結する重要な業務です。

ピッキング
倉庫に保管されている商品の中から、受注した商品を必要な個数だけピックアップする（集める）作業のこと。

デジタルネイティブが社会を支える時代

楽天市場やYahoo!ショッピング、Amazonのほか、ZOZOTOWNのようなアパレルに特化した集客の多いモールに出店する場合もあります。業務はモールに委託できる作業や在庫場所などで変わりますが、自社サイト型と比べて初期費用や運営費用も安く、簡単に始められます。プラットフォーム自体に消費者への訴求力があるため、集客も図れます。自社ブランドにとってどのような展開が合っているのかは全社的な課題のため、商品化計画に沿ってブランドマネージャーをはじめ各部署担当者とともにECネット

▶ ECショップの種類

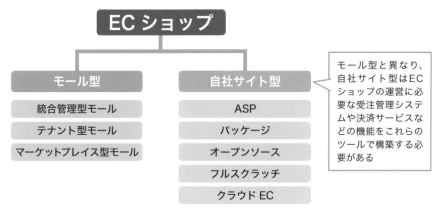

モール型と異なり、自社サイト型はECショップの運営に必要な受注管理システムや決済サービスなどの機能をこれらのツールで構築する必要がある

▶ 世界の越境EC市場規模

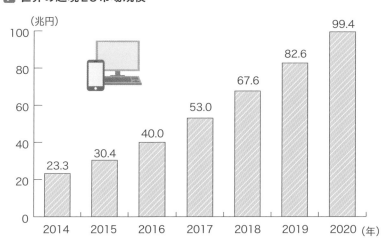

出典：経済産業省「平成30年我が国におけるデータ駆動型社会に係る基盤整備」（2019年）

販売者も販売計画を作成します。

　ネットショップは、AIの進化と少子高齢化が進む社会にあって、さらに日常に浸透していくことは間違いありません。**デジタルネイティブ**が社会を支える将来、インターネットの通販サイトを通じて、海外の商品を購入する越境EC市場が拡大するのは確実で、アパレル業界もECネット販売への対応がますます重要になっています。

デジタルネイティブ
生まれたときからインターネットが身近にある世代。コミュニケーションの方法や価値観などがそれまでの世代とは異なるといわれている。

Chapter5
15

企業の存続と成長を支える営業職

シーズンごとに繰り返される営業業務ですが、新規顧客の開拓、売掛金回収条件の改善など、創造的な業務もあります。顧客とのコミュニケーションが既存商品のブラッシュアップや新規商品の開発につながることもあります。

企業活動に不可欠な受注と代金回収

　営業は、企業活動を支える重要な業務であり、企業規模などによって内容が変わることもありますが、基本的にはすべての企業に存在する職種です。

　営業担当者の業務は、**新規顧客開拓**と既存顧客のフォローに分かれます。どちらの場合も新製品の案内や特徴などを説明し、受注や販売契約を締結し、納品するまでを担当します。過度な販売行為は一時的に売上を上げますが、顧客側の商品在庫の増大を招く恐れもあり、消化不良による資金繰りの圧迫や自社への支払い遅延をもたらします。適正な受注と確実な**売掛金回収**というサイクルを適切に遂行することにより企業価値を増大させ、自社へ貢献することが営業担当者の評価につながります。

　深い商品知識を生かした顧客への提案力も必要です。普段から新規顧客情報の収集、アプローチを心がけるとともに、既存顧客との信頼に基づいたコミュニケーションを継続すること、市場全体のトレンドやヒット商品情報の収集も重要です。マーケットや顧客の潜在的な需要を把握し、生産部門と情報を共有することが新商品の開発にもつながります。

シーズン毎の展示会が重要なアパレル営業の場

　具体的な営業活動は大きく3つに分けられます。第1にリテール営業です。直営店に対し、適切な商品やコンセプトを伝えてマネジメントを行います。小売店のスタッフの採用や教育などをサポートすることもあります。第2に、ホールセール営業です。自社で小売店やショップを持っていない川中企業などに多く、セレクトショップなどに自社製品を卸すための交渉を行います。第3

新規顧客開拓
優良な顧客を調査し、新たな受注先とする業務のこと。

売掛金回収
商品やサービスを提供し、一定期間後に支払いを満額受け取ること。

主催展示会前後の営業業務の流れ（例）

新規顧客	既存顧客	直営店
●アプローチ ●展示会への誘致	●既存商品フォロー ●売れ筋情報の交換 ●担当者とのコミュニケーション	●店頭情報収集 ●競合他社の情報収集 ●販売員とのコミュニケーション

⬇

展示会開催

⬇

新規顧客
- ●展示会内容説明
- ●来場フォロー

- ●新規口座開設
- ●受注
- ●納品

- ●販売状況フォロー
- ●追加受注

既存顧客
- ●受注
- ●売り場拡大交渉
- ●納期調整

- ●入金状況確認
- ●売り場フォロー
- ●担当者とのコミュニケーション

直営店
- ●社内受注
- ●納期調整
- ●販促会議同席

- ●店頭情報収集
- ●競合他社の情報収集
- ●販売員とのコミュニケーション

に、百貨店営業です。自社ブランドを持つアパレル企業が新規出店や既存店の維持など、百貨店担当者との取引窓口として交渉を行います。百貨店との契約は一度決まるとなかなか変更できないため、いかに有利な条件で交渉するかは営業手腕によります。

　シーズンごとに行われる展示会は、大きな売上アップの場です。展示会には複数の企業が集まって開催する合同展示会と、アパレル企業が独自に開催する主催展示会があります。大規模な合同展示会には多くの顧客が来場し、新規顧客の獲得が見込めます。主催展示会は主に既存の顧客に向けて新商品の紹介などの商談が目的です。

　展示会に来場した小売店や百貨店のバイヤーと商談を行い、自社商品を発注してもらうよう働きかけます。また、展示会での反応をもとに製造部門とともに商品の最終チェックや修正などを行うのも営業の役割です。商品販売後には担当する百貨店や小売店でのセールイベントやキャンペーンを企画・実施します。

Chapter5 16

大変革期のアパレル業界に求められるスキル・人材

コロナ禍は、サプライチェーンの断絶や商品の供給過剰、企業のデジタル化の遅れなど、アパレル業界が抱える諸問題を一気に表面化させました。それらに対応できるスキル・人材が求められています。

EC販売チャネルに対応するスキルが必要

2020年以降、新型コロナウイルス流行の影響で、アパレル業界の求人も大幅に減少しています。多くのアパレル企業がコスト削減や予算の見直しを行っていますが、この流れは当分続くものと考えられます。そのような状況下で求められるスキル・人材とはどのようなものでしょうか。

わが国のアパレルは商品を実店舗で購入する割合が多く、EC販売での売上はまだ一部にすぎません。しかし、コロナ禍で実店舗の売上が大きく落ち込み、EC販売での購入に拍車がかかっています。この傾向は今後も続くでしょう。そのため、各企業はウェブサイトの運営に注力しています。求められるスキル・人材は、ウェブマーケティング力のある人やウェブディレクターなどの知識、デジタルスキルのある人です。

また、SNSなどを活用し、販売員自らがインフルエンサーのように商品をPRできる人材に対する需要も増大するでしょう。コロナ禍で店長や販売員の求人は減っていますが、ECショップにおいても接客自体がなくなるわけではありません。顧客の関心を惹きつけ、購入に結び付ける魅力的・個性的な情報を発信できるスキル・人材が求められています。

コロナ禍が押し進めるアパレル企業のデジタル化

D2Cブランド (Direct to Consumer)
自社ブランドで企画・製造した商品を自社サイトで直接消費者に販売するEC販売企業。

コロナ禍でアパレル業界のデジタル化の遅れが表面化しましたが、それに対応する動きも出てきています。たとえば、オーダーメードスーツの**D2C**ブランドを展開するFABRIC TOKYO（東京・渋谷）は、店舗の大半が営業を停止しましたが、顧客データを活用したヒット作やオンラインで採寸から購入まで完結する非

▶ ステップアップのために身に付けたいスキル（例）※販売員の場合

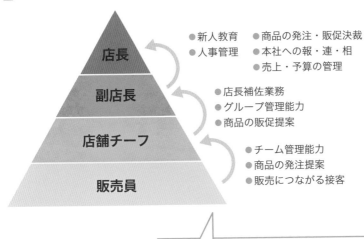

- 店長
  - ●新人教育
  - ●人事管理
  - ●商品の発注・販促決裁
  - ●本社への報・連・相
  - ●売上・予算の管理
- 副店長
  - ●店長補佐業務
  - ●グループ管理能力
  - ●商品の販促提案
- 店舗チーフ
  - ●チーム管理能力
  - ●商品の発注提案
  - ●販売につながる接客
- 販売員

販売員の育成には、OJT（オン・ザ・ジョブ・トレーニング）や社内研修などが用意されている。それだけでなく自身でも、同業他社のすぐれた点を取り入れ、自分なりの創意工夫することを心がける必要がある

接触型のサービスを開発し、コロナ禍にあっても売上を伸ばしています。EC販売チャネルを持つだけでなく、AIなどさまざまな技術を併用することで、新たなサービスを生み出す力が必要とされています。

👆 ONE POINT

日本でのリカレント教育

　「人生100年時代」で注目を集めたリカレント教育が見直されています。リカレント教育とは本来、学校を卒業し就職したあとも、職業上必要な知識・技術を修得するためにフルタイムの就学とフルタイムの就職を繰り返すことです。日本では働きながら学ぶ場合や学校以外の場で学ぶ場合にも使われています。海外では、積んできたキャリアを中断し、大学などの高等教育機関に戻り、その後、またキャリアを再開させる人生設計は普通のことです。

　日本では、55年ぶりに大学制度が変わり、2017年に国際ファッション専門職大学（東京都新宿区・大阪府大阪市・愛知県名古屋市）が開校しました。カリキュラムのアップデートなども進んでおり、今後の動向が注目されています。

1人でも起業可能な
夢のあるアパレル業界

アパレル製品のブランドを立ち上げ、プロデュースし、販売するのは意外に簡単です。大手企業でも破綻する厳しい面もありますが、アパレル業界は夢を実現できる業界です。

夢を実現できるアパレル業界

アパレル業界で働く人は、おしゃれやファッションが大好きな人でしょう。オリジナルブランドの立ち上げやプロデュースという夢を持ち、起業を考える人も少なくないのではないでしょうか。

実は、ファッションブランドを立ち上げるのは意外に簡単です。アパレル業界は高級ブランドから低価格品、レディス・メンズ・子供服など、さまざまなジャンルが存在しています。特に若い女性や主婦向けカテゴリーはアパレルに限らず靴やアクセサリー、ラグジュアリーなどアイテムも豊富で、巨大マーケットよりも小規模の**ニッチ市場**は採算が取れやすいです。また、EC販売が当たり前になり、ハンドメイド系イベントも増加し、売る場所にも困りません。

実店舗の出店なら店舗の賃貸契約費用や内外装費用、家賃、在庫管理、販売員雇用などで最低でも1,000万円単位の資金が必要となり、リスクが高くなりますが、ECショップであれば初期費用も少なく、簡単にスタートできます。また、今はインスタグラムやフェイスブックなど、SNSで拡散し、自分のECショップに誘導するという集客方法もあり、起業への後押しとなっています。

常に求められる新鮮な感性

アパレル市場は常に新鮮なニーズが生まれ続ける**市場特性**があります。新鮮な感覚を持つ新人デザイナーは大きな価値を秘めています。原宿ラフォーレや渋谷パルコなどのデベロッパーはデザイナーの卵に販売場所の提供や集客イベントの開催など、多くのチャンスを提供しています。また、政府系の日本政策金融公庫も、業務経験や事業計画だけでも**起業資金**の貸し出しに対応しています。

ニッチ市場
nicheとはくぼみ、隙間の意味。市場全体の中で特定の需要や客層を持つ規模の小さい市場のこと。隙間市場ともいう。

市場特性
ある製品の市場が現在どのような状況にあり、将来どのように変化するかに関する特徴のこと。市場規模や消費者の購買動機、既存商品や競合企業の動向などを調査・分析することでマーケティングの出発点となる。

起業資金
ビジネスを始める際に必要な開業資金(店舗取得費、設備費、改装費、備品購入費、材料や商品の仕入費など)と運転資金(人件費、家賃、光熱費など)のこと。アパレル業界の場合はネット販売からのスタートであれば200万円程度から可能とされている。

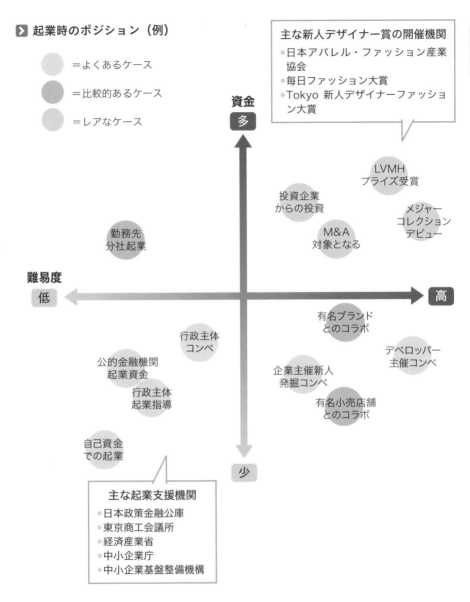

▶ 起業時のポジション（例）

● ＝よくあるケース
● ＝比較的あるケース
● ＝レアなケース

主な新人デザイナー賞の開催機関
● 日本アパレル・ファッション産業協会
● 毎日ファッション大賞
● Tokyo 新人デザイナーファッション大賞

資金 多

LVMH プライズ受賞

投資企業からの投資

メジャーコレクションデビュー

M&A 対象となる

勤務先分社起業

難易度 低 ← → 高

有名ブランドとのコラボ

行政主体コンペ

デベロッパー主催コンペ

公的金融機関起業資金

企業主催新人発掘コンペ

行政主体起業指導

有名小売店舗とのコラボ

自己資金での起業

少

主な起業支援機関
● 日本政策金融公庫
● 東京商工会議所
● 経済産業省
● 中小企業庁
● 中小企業基盤整備機構

若手デザイナーの育成・支援を目的としたLVMHプライズでは、2018年、応募1,300組の中から「doublet（ダブレット）」の日本人デザイナーの井野将之氏が選出され、賞金約3,870万円（当時の為替レートによる）とLVMHの専門チームによる1年間のブランド運営プログラムへの参加権利が贈られました。起業には、常識に縛られず、自分のアイデアや行動力を大切にすることが重要です。

社会のあらゆる分野に浸透する
ファッションスキル

裾野を広げ
日常化するファッション

　現在、過去にファッションと呼ばれた狭義のデザインや色使いの手法が私たちの日常生活に深く浸透してきています。

　たとえば、ニトリは部屋のカラーコーディネートを提案し、器やカトラリー類まで用意しています。消費者の商品選択の条件にファッション性が加えられている証拠です。

　社会の環境も大きく変化しています。学校の校舎も以前ならどこも同じような建物でしたが、今やデザインや色使いの視点が入っています。公共施設や鉄道のトイレでさえ、昨今はおしゃれな内装になっています。イタリア人のセンスがよいのは生まれたときから本物の美に囲まれて育つからだとイタリア人は自負しています。今や日本人が似た環境で、多様な美に囲まれて大人になる時代が来ています。

　元来、日本人は独特の美的感覚がDNAに組み込まれています。最近は賃貸マンションであっても借りる人の趣味を反映した内装にして引き渡す物件が出ています。不動産にもファッション性という付加価値を加えることで、居住期間が長くなるそうです。

ファッションスキルの
再評価

　アパレル業界では、美しい商品を作ること、商品を美しく見せることはもちろん、商品そのものだけでなく、販売する店舗の装飾、広告宣伝物、ブランドのイメージなど、どれをとってもより高い付加価値を感じさせること、またそれを加えるファッションスキルが必要とされます。これからの消費社会では、このアパレル業界で当たり前のことが評価されるようになります。

　たとえば、最近の特別車両による列車の旅はどうでしょうか。見る景色は変わりませんが、デザインされた空間での旅が付加価値を生み、需要を喚起しました。このように多くの事例で豊かさを表現する商品開発にはファッションスキルが生きると期待されています。

第6章

ファッション市場の現状と動向

アパレル業界はさまざまな業界を包含するファッション市場の中核的存在です。消費者の価値観やライフスタイルの変化による今後の動きとともに、アパレル業界と親和性が高い服飾雑貨業界も見ていきます。

Chapter6 01

ファッション市場をリードし、広げるアパレル業界

時代の変化とともにさまざまな要素を取り込んで拡大してきたファッション市場。その中心にあるアパレル業界の動向はファッション市場全体に大きな影響を与え続けています。

時代、社会、消費者を反映するファッション

ファッションは、時代や社会、消費者の動きによって変化します。アパレル業界はその中核的存在としてトレンドを作り出し、周辺の業界を巻き込みながらファッション市場をリードしてきました。その影響は、服・靴・バッグ・アクセサリーなど身に着けるものだけでなく、生活空間や食生活に至るまでライフスタイル全般に及んでいます。かつて日本を代表するデザイナーの石津謙介氏が「ファッションとは人間の生き方」と表現したことが現実のものとなりつつあります。

国内アパレル業界の市場規模自体は縮小しているものの、アパレル業界がファッションを切り口にさまざまな分野を巻き込んで新しいニーズを生み出し、ファッション市場全体を盛り上げることが期待されています。消費者の価値観の多様化、環境保護など新しい課題への対応に迫られながらも、今、ファッション市場は変化の時を迎えています。

アパレル業界のこれからの役割

アパレル業界は、たった1枚の生地から付加価値の高い商品を創造してきました。1990年代前半まで、最新のファッションをまとうことは、広い邸宅、新しい車、大画面テレビなどと並び、幸福の代名詞でアパレル業界は憧れの的でした。しかし、1990年代から現在も続くデフレーションやファストファッションの台頭による商品の低価格化、新型コロナウイルスの世界的感染拡大によって、価値観やライフスタイルが大きく変わり、ファッション市場も新しい局面にあります。そして、アパレル業界が得意とするデザイン、素材選び、色使いなどのすばらしいノウハウを生

石津謙介
VANジャケットの創業者・ファッションデザイナーで、1960年代に都市部の若者に流行したアイビールックの生みの親。

▶ アパレルを中心に広がるファッション市場

服飾雑貨業界

靴や鞄、帽子、
靴下、ネクタイ、
メガネなど

スポーツ業界

スポーツ用品、
スポーツ観戦用グッズなど

インテリア業界

和・洋食器、家具など

アパレル業界

美容・健康業界

スキンケアグッズ、
ヘアケア製品、
ネイルなど

生活雑貨業界

リビング雑貨、
ステーショナリー
など

アウトドア業界

キャンプ用品、防寒グッズなど

フード業界

ベーカリー、カフェ、
レストラン、デザートなど

かす環境が大きく広がっています。たとえば、海外の有名デザイ
ナーブランドは、ホテルの総合プロデュースにも乗り出していま
す。アパレル業界がファッション市場の中核的存在として、より
豊かな人生を実現させる時代が来ています。

Chapter6
02

ブランド戦略が生き残りのカギ

アパレル業界にかぎらず、ブランド戦略は企業経営を大きく左右します。激しい競争に生き残るには消費者のニーズをうまくつかみ、長期にわたって支持される必要があります。ブランドはそのカギになります。

ブランドは物作りの姿勢を表す鏡

　ブランドとは銘柄のことです。もともと家畜の牛の所有者を見分けるために押していた焼き印が始まりといわれています。やがて、さまざまな商取引の場面で、類似した他社の商品と区別するために商標（トレードマーク）を付ける習慣が定着しました。現在では、その商標とともに世間に認められた商品や企業の価値も含めてブランドと呼ぶようになりました。ブランドは消費者にとって品質のよさや信頼感の証となるのです。

　ブランドを構成する要素として最も重要なのはコンセプトです。コンセプトとは、そのブランドの根幹にある考え方のこと。「私たちはこんなことを考えて商品を作っています」というメッセージです。そのメッセージによって消費者は共感や安心感を得て、そのブランドを唯一無二の存在ととらえるのです。

コンセプト
物事の概念・考え方のこと。ブランド開発においては、ターゲット層を定め、訴えるポイントを明確にする必要があるとされる。

　たとえば、1980年にスタートした無印良品は、生産プロセスを合理化して、過剰な演出をそぎ落としたシンプルな商品作りをコンセプトとしました。衣服、生活雑貨、食品、化粧品など合理的で簡素なライフスタイルを提案する商品群をリーズナブルな価格で提供し、多くの消費者の共感を獲得しました。MUJIのブランドで海外にも進出し、全世界で1,000を超える店舗を展開しています。ブランドとは必ずしも高級品とは限りません。無印良品のように、コンセプトが一貫してわかりやすいことが重要です。

　さらに、消費者にひと目でわかってもらうためにどのブランドもイメージを具体化する要素を持っています。その一つがロゴです。ルイ・ヴィトンやシャネル、ナイキなどのロゴは誰もがひと目見ればそれとわかります。商品の色調・デザイン・機能性・出店の場所などもブランドイメージを形作る重要な要素です。

ロゴ
企業やブランドを象徴するデザイン。文字や絵柄で表現され、伝えたいメッセージが込められている。

> ▶ ブランドの中心にあるのはコンセプト

コンセプト
誰に向けてどんなメッセージ

視覚	聴覚	そのほかのイメージ
ロゴ、色調、デザイン、イメージキャラクターなど	CMソング、店舗BGMなど	機能性、広告媒体、立地など

> ▶ ブランドイメージの確立で好循環を生む

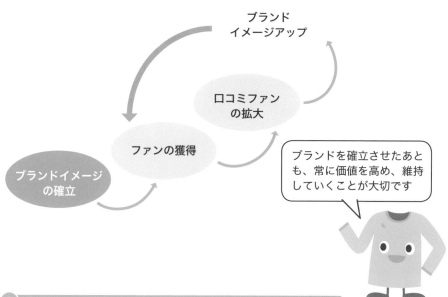

ブランドイメージアップ

口コミファンの拡大

ファンの獲得

ブランドイメージの確立

ブランドを確立させたあとも、常に価値を高め、維持していくことが大切です

ブランド戦略が経営を左右する

　近年アパレル業界では、安易な価格競争に巻き込まれないためにもブランド戦略の重要性がいわれるようになりました。ブランドイメージを確立するまでには時間がかかりますが、一度認知してもらえたら大きなメリットがあります。ロイヤルティ（愛着）の強いファンを獲得すれば長期にわたる顧客となり、口コミでさらなるファンを拡大してくれるという好循環が生まれます。

　成長の見込める海外市場に向けて強みを示せる日本発ブランドの成功例はまだ限定的です。今後の重要課題となるでしょう。

ロイヤルティ
「忠誠心・愛着」などの意味を持つ英語のloyaltyから来た。特定のブランドを愛用する消費者の心理をいう。従業員の会社に対する愛着を意味することもある。

不況下でも堅調な
ラグジュアリーブランド

世界的不況といわれる中で、こだわりのある消費者層の購買意欲を引き付け、堅調に売上を伸ばしているラグジュアリーブランド。高価格でも利益を生み出しているビジネスモデルを見ていきましょう。

老舗の看板を強みに世界的展開

現在私たちがラグジュアリーブランドと呼んでいる事業者はもともと、階級社会であったヨーロッパの王侯貴族を顧客とする老舗の製造・小売店でした。その代表格が船旅用のトランクを製造するルイ・ヴィトンや馬具を製造するエルメスなどです。

それらの老舗が技術力を生かして洗練されたバッグなどの服飾雑貨を製造するようになり、時代の変化とともにかつての貴族階級からより幅広い層へ顧客を広げていきました。やがてアメリカやアジアにも市場が広がり、日本でも70年代半ばごろから海外高級ブランドブームが巻き起こりました。

1980年代ごろには老舗小売店の企業化が進み、各地域の販売業者と組んで事業展開していましたが、80年代後半から90年代初頭にかけて各ブランドが日本を筆頭に現地法人を設立して利益を最大化する動きが活発になりました。さらに、複数のほかのブランドを買収して傘下に入れ、複合企業体（コングロマリット）となる動きも進んでいます。複数ブランドを持つことで多様なニーズに対応できる、生産・物流・販売などのインフラを共有してコストを圧縮できるなどのメリットがあるためです。総合的なライフスタイルを演出でき·顧客を囲い込めるメリットもあります。LVMH（モエ・ヘネシー・ルイ・ヴィトン）グループが、酒や時計の高級ブランドを持つのがその一例です。

拡大するラグジュアリーブランド

世界的に景気が後退するなかでも、高価格なラグジュアリーブランドが売上を伸ばしている背景には、消費者の両極化現象があると言われています。一方はコストパフォーマンスに敏感な層。

階級社会
貴族と平民、資本家と労働者など、複数の階級によって構成され、その間に支配と服従、または対立の関係が存在する社会のこと。

コングロマリット
複数の業種の会社を傘下に持つ企業体。既存の企業を吸収合併するなどの手法で作られる。多様な事業展開から相乗効果が得られる可能性がある一方で、企業価値が低下するリスクもはらむ。

LVMH（モエ・ヘネシー・ルイ・ヴィトン）グループ
フランスに本拠を置く、高級ファッション複合企業体。酒類製造元モエ・ヘネシーと旅行鞄製造小売のルイ・ヴィトンが1987年に統合。吸収合併で70以上のブランドを傘下に持つ。

▶ ファッションブランド勢力図

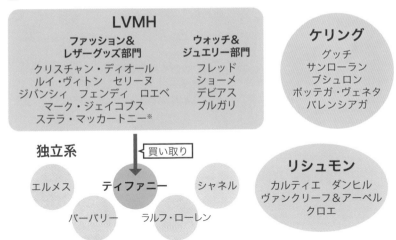

※ステラ・マッカートニーはケリングから2018年に独立し、翌年LVMHの傘化に入った。

▶ ラグジュアリーブランドが訴求する消費者層

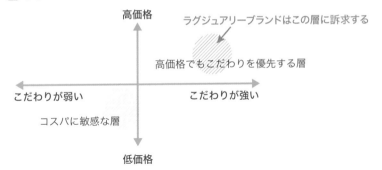

もう一方が価格に糸目をつけないこだわり層です。こだわり層の消費者にとっては、ラグジュアリーブランドの商品は高品質というだけでなく、高価格だからこそ購買意欲をそそられるストーリー性や信頼感・納得感を与えてくれる魅力があります。その魅力をうまく潜在顧客に訴求することがラグジュアリーブランドに不可欠なビジネスモデルといえるでしょう。

また、ラグジュアリーブランドの商品は利益率が高いこと、ブランド価値の確立には時間がかかるため、新規参入が難しく価格競争に巻き込まれにくいという強みがあります。この強みを生かして今後もさらに新興市場に事業拡大していくでしょう。

Chapter6 04

技術力を生かしたブランド開発で復調の兆し

ファッション市場の中でも特にアパレル業界と親和性が高い服飾雑貨業界。
アパレル同様、国内市場縮小のあおりを受けています。事態打開のカギは、
日本の技術力を生かしたブランド開発と海外市場への進出が握っています。

海外ブランド名だけでは売れない時代

服飾雑貨には幅広いアイテムがあります。靴や鞄、帽子、靴下、ネクタイ、マフラー、メガネ、手袋、アクセサリー、時計、傘などに加え、最近では布マスクも仲間に加わりました。

かつては海外有名ブランドのライセンス権を獲得することで安定的売上が見込めた時代もありましたが、現在はアパレル業界同様、一部の定評のあるブランド以外は、ただブランド名があるだけでは売れない時代に入りました。特にネクタイを含む繊維製服飾雑貨は、ビジネスウェアのカジュアル化を背景に、売上が低迷しています。そうした中、アパレル企業と服飾雑貨メーカーが帽子や鞄、靴などを共同で企画してヒット商品を生み出している事例もあります。帽子メーカーのジェネラルデザインはマニエラというブランド名でセレクトショップとコラボレーションし、顧客の声を取り入れながら商品開発をして売上を伸ばしました。

国内の服飾雑貨メーカーはほとんどが中小企業です。縮小する市場で旋風を巻き起こすには、規模のメリットに頼らない独自性のあるブランド開発が生き残りのカギとなっているのです。

モノづくりの潜在力を武器に海外市場へ

製造において専門性の高い分野でも、これまで培った高い技術力の上にデザイン性・機能性を兼ね備えた商品を提供して勢いに乗る事例はすでに現れています。その1つがメガネメーカーのジンズです。機能的でおしゃれなメガネを多品種・低価格で提供し、シーンに合わせて衣服を着替えるように、気軽にメガネを楽しんでもらおうというコンセプトを打ち出し、若い世代を中心に支持を獲得し、急成長しています。また、従来の視力矯正器具の範疇

布マスク
2020年2月以降、新型コロナウイルス感染症の世界的拡大で、外出時のマスク着用が一般化した。不織布マスクの生産が追い付かず、一時店頭から消えたこともあり、洗って繰り返し使用できる布マスクが見直され、色柄もバラエティに富んだおしゃれアイテムの1つとして受け入れられるようになった。

ライセンス権
ライセンスとは許諾のこと。ブランドを所有する企業が新たな地域に進出する際に、現地企業とライセンス契約を結ぶことによって双方がメリットを得る手法。ブランド所有側は現地での認知度向上、現地企業側は使用料を払うかわりに、ブランド名を使って商品開発・製造・販売ができるというメリットがある。

▶ 服飾雑貨売上高ランキング（小売り）

順位	社名（◎は連結）	主要取扱品	ファッショングッズ売上高 （前年比伸び率、▼は減、または赤字）
1	エービーシー・マート◎	靴	2,723億6,100万円　　（2.1%）
2	ジーフット◎	靴	890億8,900万円（▼6.2%）
3	チヨダ◎	靴、カジュアル衣料	879億2,000万円（▼2.9%）
4	ジンズホールディングス◎	眼鏡	618億9,300万円　（12.8%）
5	サックスバーホールディングス◎	バッグ、服飾雑貨	523億6,200万円（▼5.9%）
6	エステールホールディングス◎	ジュエリー	302億4,400万円（▼1.7%）
7	エフ・ディ・シィ・プロダクツ◎	ジュエリー、服飾雑貨	265億1,900万円（▼8.1%）
8	ミキモト	ジュエリー	263億6,300万円（▼4.0%）
9	プリモ・ジャパン◎	ジュエリー	206億7,100万円　　（1.1%）
10	ツツミ	ジュエリー	187億300万円　　（6.8%）

※調査対象は19年6月〜20年5月を決算期とする企業。海外ブランドのジャパン社は除いた。
※主な売上を小売りで構成する企業を「小売り」に分類した。
※エービーシー・マート、ツツミは公表数字。
出典：センケンjob新卒（2020年11月25日付）

を越えた、「機能性アイウェア」という新しい市場を創出した点でも、メガネメーカーの革命児と目されています。また、近年は110年以上の歴史を誇り、「世界三大眼鏡生産地」にも数えられる福井県鯖江市で製作された高品質・高機能なメガネの販売にも力を入れています。このように、昔から伝統工芸のさかんな日本では、職人の確かな技術に基づく質の高い商品作りができる土壌があります。その強みを生かして独自のコンセプトを打ち出したブランドを創出することが、縮小する国内市場から海外市場に打って出る武器になるでしょう。

機能性アイウェア
従来メガネは視力補正や矯正が目的だったが、時代の変化とともにその使用目的も広がってきた。パソコンのモニターが発する光から目を守るメガネ、花粉やほこりから目を守るメガネなどがある。

☞ ONE POINT
日本人特有の美意識が求められる時代に

　私たち日本人は、歴史ある神社・仏閣のある地域で生まれ、美しい着物、箸などに囲まれた環境で育ちます。意識せずとも日本人としての美意識を受け継いでいます。ファッション市場の中核的存在であるアパレル業界でそれが発揮されたわかりやすい例があります。日本を代表するユニクロは日本を含むアジア各国で日本人特有の物作り、デザインによる大成功を収めています。日本のファッション市場の可能性の証といえるでしょう。

Chapter6 05

海外高級ブランド依存から
強みのある日本発ブランド構築へ

鞄・袋物市場は服飾雑貨の中では比較的好調ですが、海外ラグジュアリーブランドの力に依存しているのが実情です。コロナ禍で消費者ニーズの変化もあり、今後どのような生き残りを図るかが問われます。

海外高級ブランドの影響が強い市場

　　鞄・袋物は服飾雑貨の中では珍しく、市場全体の拡大基調が続いてきました。海外のラグジュアリーブランドが市場をけん引してきたことが要因です。これは、ただ定評があるからというわけではなく、新たな購買層を掘り起こしたことによります。ルイ・ヴィトンやグッチなどは、世界人口の約4分の1を占めるミレニアル世代に狙いを定め、さまざまな手を打ってきました。たとえば、新進のクリエイターとのコラボレーションで古臭いブランドイメージを刷新する、SNSを活用したマーケティング戦略を展開するなどです。この戦略が功を奏してブランドに関心が薄いと思われていた若い世代の購買意欲をそそり、さらに上の世代の注目を再び引き寄せる効果も生みました。

　　ただ、その背景には旅行鞄の需要増もあります。年々増加するアジアを中心とした海外からの旅行客や、LCCの発達によって旅行気運の高まった日本人のニーズがラグジュアリーブランドの戦略にうまく合致したのです。しかし、2020年以降は新型コロナウイルスの世界的感染拡大で旅行需要が見込めない現状を、どのように打破するかが今後の課題となります。

独自性のある国内ブランド開発が急務

　　一方、独自性を発揮してファンの熱い支持を受ける国内ブランドも登場しています。PORTER(ポーター)のブランド名で知られる吉田カバンは1935(昭和10)年の創業以来「日本製」にこだわり、厳選された素材、職人の手仕事による高品質・高機能の製品を一貫して追求してきました。多くの鞄メーカーが工場を人件費の安い海外に移す中では異色です。価格は高めでも「使いや

ミレニアル世代
1981〜1995年に生まれ、2000年以降に成人を迎えた世代のこと。他の世代と違う特徴としては物心ついたときからネット社会であったデジタルネイティブで、SNSやEコマースの利用が日常茶飯事、物質的豊かさより精神的豊かさを求めるなどがある。

LCC
Low-cost carrierの略で格安航空会社のこと。従来型の航空会社に比べサービスを簡略化して、低価格で運航する。国内では2012年ごろから各社の参入と路線開通が増え、旅行需要の高まりを後押しした。

▶ **海外ラグジュアリーブランドの攻めの戦略**

新しいテイスト
重厚から
軽快・かわいいへ
➡新進のデザイナー起用

ターゲット層拡大
➡ミレニアル世代
(20〜30代) への訴求

SNSを使った広告宣伝
➡若い世代に人気の
インフルエンサー起用

▶ **国内ブランドの成功例**

PORTER（ポーター）
● 機能性にすぐれ丈夫で長持ち
● ビジネス・カジュアル兼用
● 国内産にこだわり
● 幅広い世代からの支持

写真提供：吉田03・3862・1021

すく丈夫で長持ち」に共感するファンは多く、ビジネス・カジュアルどちらにも使える商品群が定評を獲得して好調な売上を維持しています。

2001年に誕生したトートバッグ専門ブランドROOTOTE（ルートート）は、折りたたんで携帯できる豊富なバリエーションのエコバッグを展開。消費者の環境意識の高まりにうまくはまり、人気を獲得しました。企業の社会的責任（CSR）の重要性が叫ばれる昨今、商品開発そのものが社会的責任を果たすことにつながる事例として注目されます。

これらのブランドはもともとある物作りの技術の上に明確なコンセプトを加えて消費者の心をつかんでいます。海外市場でも強みを発揮できるでしょう。今後は、こうしたブランドの構築が急務といえます。

企業の社会的責任
CSR（Corporate Social Responsibility）ともいう。企業は自社の利益を追い求めるだけでなく、社会をよくするための活動にも積極的に参加すべきであるという考え方。環境保護や人権擁護、格差の是正などをテーマにした活動を直接的・間接的に行う。投資家が投資先企業を選ぶ際の1つの指標となる。

健康志向が押し進める
シューズ市場の拡大

Chapter6
06

シューズ市場は健康志向を反映して、カジュアル化に向かっています。中でもスポーツシューズの勢いが加速。スマートシューズなど、新しい技術を搭載した今までにないコンセプトも登場しています。

健康志向によるスポーツシューズ需要の高まり

　日本のシューズ市場は少子化や人口減、景気後退の影響を受けて緩やかな縮小傾向にあります。その中で成長株として注目を集めるのはスポーツシューズです。人々の健康志向の高まりで、ランニングやウォーキングがブームになっています。歩きやすい、走りやすい靴はスポーツ目的だけでなく、普段の生活にもなじんできました。ナイキやアディダスなど海外有名ブランドがファッション性の高いスポーツシューズのラインを展開するようになったことも、この現象に拍車をかけました。小売店ではスポーツシューズやウォーキングシューズなどカジュアルラインの品揃えが豊富な大型専門店のチェーンストア・エービーシーマートが好調で業績不振の業界にあって1人勝ちの状態です。

　一方で、ビジネスウェアのカジュアル化や足の痛くなるパンプスなどのヒール離れも手伝って、革靴の売れ行きは低迷しています。小売りでは、百貨店の靴売り場が縮小する代わりに、洋服とのトータルコーディネートを提案するセレクトショップなどが、洗練されたスタイルを求める消費者層の受け皿になっています。

コンフォート靴、高機能シューズの可能性

　今後は歩きやすい、痛くならない、おしゃれ、いろいろな服に合わせやすいコンフォート靴の需要がますます高まり、選択肢も増えていくでしょう。また、最新技術を取り入れた特徴のある機能性商品も注目されています。たとえば、アシックスが先駆けて開発したランニング愛好者向けのスマートシューズは、センサを内蔵して走行データをスマートフォンに送り、フォームやトレーニング方法の改善に役立てることができます。

ヒール離れ
パンプスやハイヒールなどは、足への負担が大きく、我慢して着用する女性も多かった。2019年に女性従業員にヒール靴の着用を義務付ける職場に抗議する運動#KuTooが広がったことをきっかけに、ヒール離れは加速した。

コンフォート靴
足の健康と履き心地を重視した靴のこと。

▶ スマートシューズの機能

EVORIDE ORFHE（エボライドオルフェ）は、履いて走るだけで、内蔵されたセンサがランニングの動き（走り）を解析。アシックス独自の知見およびデータが加わることで、デジタルでパーソナライズされたコーチングを受けることができる。コロナ禍で集まって練習ができない中でも、一人ひとりの動き（走り）に合わせたコーチングやアドバイスでランナーを支えている。

〈計測できるデータ〉 ●着地パターン ●プロネーション（脛に対するかかとの傾き）●接地時間 ●ストライド ●ピッチ ●着地衝撃

写真提供：アシックス

▶ オーダーメイド "3D" パンプスができるまで

① 革の色やヒールの高さを選ぶ

自分好みのヒールの形・高さ、つま先や履き口の形、靴底の色、革などを選ぶ。組み合わせは6,400万通り以上。

② 高精度3Dスキャナで一人ひとりの足をデータ化

裸足の状態だけでなく、ヒールと同じ台に乗った、靴を履いている状態の足も3D計測する。

③ コンピュータ上で靴型（木型）データを作成

3D計測による形状データをもとに、一人ひとりの靴型データを作成し、3Dプリンタを使い造形する。

④ 熟練の靴職人によるパンプス作り

靴型から型紙を取り、革を裁断し縫い上げ、靴型に革をかぶせて靴に仕上げる。オーダーメイド "3D" パンプスの完成。

写真提供：crossDs japan 050・1746・3477

　従来、靴の製造販売は高度な専門技術と知識が必要で、新規参入はハードルが高いとされてきました。しかし、それも近年の技術の発達で状況が変わっています。crossDs japan は最先端の3D計測器を使い、足を3D計測、一人ひとりの足に合わせた靴型を3Dプリンタで個人専用に造形し、それをもとに靴を作るサービスを提供しています。最新技術と職人技の組み合わせにより、全力で走れるほど足にフィットするパンプスが作られ、製作期間とコストの大幅なカットも実現しています。

　これらの事例で見たように、未来の靴には新しいコンセプトが加わる余地がまだまだ多くあります。足元からいかに新しいニーズを生み出すかが、シューズ市場の未来を左右するでしょう。

3D計測器
3Dの形状データをコンピュータ上に取り込む装置。

3Dプリンタ
3D計測器で取り込んだ3Dデータから立体物を造形する。

Chapter6 07

消費者ニーズに対応した商品開発へ

生活必需品からは遠い装身具市場は景気後退とともに市場が縮小しているものの、消費者ニーズの多様化や本物志向の再燃を受けて、個性を打ち出した商品開発にチャンスが隠れていると見られています。

海外高級ブランドと国内ブランドのすみ分け

装身具（アクセサリー類）とは、ネックレス、イヤリング、指輪、ブレスレット、アンクレットなど直接身に着けるファッションアイテムのことを指します。使用される素材はさまざまですが、その中でもジュエリー（宝飾品）と呼ばれるカテゴリーはダイヤモンドやルビーなど自然界にある宝石や、金・銀・プラチナといった貴金属を使用しており、相対的に高価格です。

生活必需品からは遠い位置にある装身具は、景気後退の影響をまともに受けて、売上のピークだったバブル崩壊前の1991年に比べて、現在は3分の1ほどに市場が縮小しています。ただ、市場縮小もリーマンショック前後に底をつき、緩やかに回復してきています。景気動向の紆余曲折を経て、消費者の本物志向が再燃しているとの分析もあります。

商品単体で100万円を超える高級品は海外のブランドが市場を占有しているのに対して、比較的手ごろな価格帯のファッション・ジュエリーと呼ばれる商品群は4℃（エフ・ディ・シィ・プロダクツ）、ヴァンドーム青山（ヴァンドームヤマダ）、TODAYS DIAMONDS（ツツミ）などの国内ブランドが存在感を示しています。

令和婚をきっかけに回復の兆し

2019年は令和への年号改変を節目に婚姻数が7年ぶりに増加（前年比102.1％）したこともあって、ブライダル・ジュエリー市場が前年比を上回りました。とはいえ、価値観の多様化で婚姻数の増加によるブライダル・ジュエリー需要の盛り上がりの効果は限定的だったとの見方もあります。

貴金属
金・銀・プラチナに代表される価値の高い金属の総称。希少性と加工性のよさ、化学的に安定した構造であることなどが条件となる。

令和婚
2019年5月に元号が平成から令和に改められたことを機に婚姻件数が増えた現象をいう。国内の婚姻件数は1972年の約110万組をピークに減少傾向にあったが、2019年は7年ぶりに前年比増となり、改元が結婚の後押しとなったことを示した。

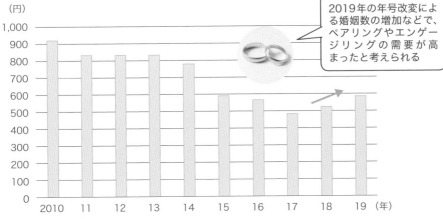

▶ 装身具（アクセサリー類）の1世帯あたり1カ月の支出の推移

2019年の年号改変による婚姻数の増加などで、ペアリングやエンゲージリングの需要が高まったと考えられる

※世帯は2人以上の世帯。
出典：総務省統計局

▶ ジュエリー産業の流通構造の概略

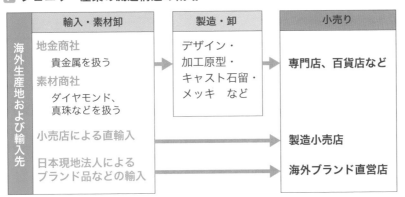

海外生産地および輸入先	輸入・素材卸	製造・卸	小売り
	地金商社　貴金属を扱う 素材商社　ダイヤモンド、真珠などを扱う	デザイン・加工原型・キャスト石留・メッキ　など	専門店、百貨店など
	小売店による直輸入		製造小売店
	日本現地法人によるブランド品などの輸入		海外ブランド直営店

出典：センケンjob新卒（2019年10月7日付）

　ブライダル以外では、ファッション・ジュエリーの主流である国内ブランドで新進デザイナーの個性を生かしたアーカー、ハムなどのラインがセレクトショップを中心に人気を獲得しています。また、大手ブランドにはない魅力を放つ個人による**ハンドメイド**がブームとなり新しい市場を形成し、ハンドメイド品を専門に扱うサイトが登場、C to C市場の拡大とともに勢いを増しています。

　今後は多様化がますます進み、消費者一人ひとりのニーズに合わせた商品開発がカギを握ると予想されます。

ハンドメイド市場
手作りに価値を見出す消費者と自作アイテムを評価されたい作家のニーズが合致した市場。minne（ミンネ）、Creema（クリーマ）などの専門サイトでの取引が活況を呈して注目される。

実店舗の役割と小売業態の変化

確実に衰退する日本の消費市場

現在、わが国では少子高齢化による人口減少が進んでいます。1950年前後の出生者数約240万人が2019年には90万人を下回りました。2020年1月の住民基本台帳では、対前年比で日本人が50万人減少した一方、外国人が20万人増加し、実質30万人が減少しました。

共働き・独身世帯が増加し、高齢者数も過去最大になり、小売業のサービスと品揃えは、標準型のファミリーニーズからパーソナルニーズへと移行しているものの、将来への不透明感から消費出費は減少しています。

求められる小売業態の転換

業態、専門商品の壁がなくなり、流通も大きく変化し、従来の小規模な商店は激減するでしょう。寡占化が進み、事業者数の減少も避けられません。市場の細分化からマニアックな小規模業態は増加するでしょうが、専門店にも親和性の高い商品群が追加され、より売り場面積の大型化が進んでいくと考えられます。

店舗が情報発信基地、倉庫、ショールームなどの複数機能を備え、オムニチャネル対応へと急激に進化するため、販売員の職務内容も大きく変化するでしょう。

無人型とフルサービスの両極化

就業人口減とAIの進化・導入により、EC・無人型店舗が主流となるでしょう。実店舗でも、キャッシュレス、アプリによる商品説明、簡易包装など、人手を必要としない運営が可能となります。自動販売機が進化した店舗版といえばわかりやすいでしょうか。

一方、両極化が進み、付加価値の高い高価な商品販売の業態は、現在のラグジュアリーブランドのような非日常的な店舗環境や丁寧な接客体験で区別される業態として継続するでしょう。縮小する市場での競合激化で、差別化が多様化し、消費者の選択肢はますます広がると考えられます。

第7章

アパレル業界の新しい業態と将来像

トレンドや社会の変化を受けやすいアパレル業界。国内市場の縮小に加え、新型コロナウイルスの影響により実店舗からネット通販への移行が急激に進んでいます。アパレル業界の今後について見ていきましょう。

Chapter7 01

アパレル業界を変えた サステナビリティ

低価格が武器のファストファッションは、より安価なコストを求めて発展途上国に進出しました。そこでの搾取的な取引や労働環境が大きな問題となり、アパレル業界にも一気にサステナビリティへの意識が生まれました。

アパレルに求められる価値が大きく変化

バングラデシュ
1971年にインドから独立した人民共和国。親日国として知られ、衣料品輸出額は中国に次いで世界第2位（2019年時点）。

サステナビリティ（持続可能性）は、アパレル産業史上最も悲しい事故によって注目されました。2013年4月、**バングラデシュ**の首都ダッカ近郊にある縫製工場ビル、ラナ・プラザが崩壊し、死者1,100人以上、負傷者2,500人以上を出す大惨事が発生しました。ファストファッションの価格優先の大量生産のために、多くの労働者が不当な給与での雇用・取引といった悪条件の中、亀裂の入ったビルで労働させられていたのです。

大量廃棄
アパレルの廃棄は焼却処分が中心で、焼却により発生する二酸化炭素は地球温暖化を加速させるとして批判されている。

2015年の国連サミットで「持続可能な開発目標（SDGs）」が採択され、気候変動を含むさまざまな社会的課題に世界全体で取り組む必要性が認識されました。アパレル業界でも、糸の素材生産から販売までのバリューチェーンの全段階で持続可能性に対する問題意識が生まれました。その結果、大量生産・**大量廃棄**のファストファッションから業界の無駄をなくし、永続性のある生産、消費を目指す**サステナブルファッション**へと変わりつつあります。

サステナブルファッション
衣類などを作る工程における過酷な労働や、汚染水や温室効果ガスなどの発生、大量生産・大量廃棄などの問題に対し、最大限配慮されているものを指す。具体的には、テーブルクロスやカーテンなどの生地の再利用や、古着やヴィンテージ生地などに技術やデザインを施して新たなアイテムとしてよみがえらせるアップサイクルなどがある。

ラナ・プラザ事故への業界対応

バングラデシュの大惨事から1カ月後の2013年5月、世界的なアパレル企業が縫製工場の劣悪な労働環境への対応策を発表しました。H&Mやユニクロ、ZARAなど、20カ国以上のアパレル企業を中心とした220社が「バングラデシュにおける火災予防および建設物の安全性に関する協定」に署名しました。また、アメリカではウォルマートなどの企業が「バングラデシュ労働者の安全のための提携」を締結しました。先進国のアパレル企業が発注先の縫製工場での安全検査を行い、待遇を含めたよりよい労働環境の改善を目指して動き出しています。

▶ サステナビリティを意識した生産・販売管理（バリューチェーン）の例

| 川上 | **原材料** | リサイクル素材などの環境配慮型素材の採用 |
| | **材料加工** | 化学的加工の汚染排水処理排水基準厳守などの確認 |

> オーガニック、無農薬素材を明記
> 消費者への安心感

| 川中 | **製品製造** | 製造工程の効率化環境負荷の低減 |
| | **流通** | 物流の効率化 |

> 労働者の快適な労働環境提供
> 労働者の権利尊重
> 労働者の適正な待遇供与

川下	**販売**	過剰包装の排除店舗什器の再利用セールの縮小
	使用	適切な取扱方法の表示
	廃棄	自社製品の回収・再販

> 販売員の意識向上
> 企業の問題解決への参加意識
> 自社製品のライフサイクルへの関与

▶ 廃棄ゼロへの消費者意識

アパレル廃棄量の削減

よく考えて買う、長く着られるスタイルを選ぶ、手入れをして長持ちさせる　など

適切な商品選び

人や地球に配慮しているというマークの付いた商品を選ぶ、何を使って誰が作ったのか関心を持つなど

適切なリユース・リサイクル

フリマアプリなどを利用して売買する、別のアイテムに作り変える、店頭で回収をしてもらう　など

Chapter7
02

AIがもたらす
アパレル産業のスリム化

日々進化するAI技術は、チェスや囲碁、翻訳、画像認識、人との会話などの個別の領域において実用化されており、アパレル産業にも変化をもたらしつつあります。

進化するAI技術

2020年現在、AI技術開発では、1つのタスクに特化した「特化型AI」の実用化が進んでいます。人間によって与えられたデータを分析し、それに基づいた予測に強いタイプのAIで、**ディープラーニング（深層学習）**といった機械学習により実現します。なお、人間同様、自ら考え、さまざまな能力を兼ね備えた「汎用型AI」が可能になるのは2045年といわれています。

AIの活用と展開

アパレル業界におけるAI活用の可能性は多様です。たとえば生産面ではすでに、「需要予測」に用いられています。従来、デザイナーやMDが長年の経験と勘に基づいて、「90年代リバイバル」「**ルーズシルエット**が帰ってきた」というように需要予測を行ってきましたが、AIを用いることで時系列分析、**画像認識分析**が可能になりました。しかし、過去のデータ分析の延長線上の予測にとどまるため、最大公約数的な売れ筋予想となり、他社との差別化が困難な面もあります。

設計面では、デザインから服を設計する過程でAIを用いた**3D CAD**が実用化されています。デザイナーがデザインした服のパターンをAIが製作するもので、デザインや素材に変化の少ないスーツの**パターンオーダー**などで活用されていますが、デザインや素材などがめまぐるしく変わるレディスでは改善の余地が大きいとされています。

また、販売面でのAIは、ウェブページでの**商品推薦機能**、コーディネート提案機能などが実用化されています。しかし、いずれも販売行為の「点」としての機能であり、売上までの流れにつながる「面」となるには時間が必要です。今後、サプライチェーン全体にPLM

ディープラーニング（深層学習）
人間が行うタスクをコンピュータに学習させる機械学習の1つ。AIを支える技術であり、自動運転車やタブレットの音声認識など、さまざまな分野での実用化が進んでいる。

ルーズシルエット
適切なシルエットはジャストと呼び、体のラインに沿った細身のシルエットをタイトと呼ぶ。ルーズは逆に体のラインを越えるゆったりとしたシルエットを指す。

画像認識分析
コンピュータのパターン認識技術によって画像の内容を理解し、情報の抽出やデータ化を行う分析のこと。

3D CAD
仮想空間に「縦」「横」「奥行き」のある立体的な形状を作っていくツール。アパレルでは、サンプル製作、修正作業を効率化できる。

▶ AIによるアパレル業界での改善例

		課題	AIで可能な新対応	改善点
生地	開発過程	● 膨大なサンプル依頼 ● 過大な製作コスト ● 製作時間の無駄	● 登録されたさまざまな素材、柄、色を自由に組み合わせて素材開発 ● デザイン画を作成し、バーチャル生地から完成品サンプルをバーチャルモデルに着せてイメージを確認	● 生地サンプル製作費用の大幅な減額 ● 製作が瞬時に可能 ● 生地サンプルの比較が容易
生地	最終決定過程	● 微調整の再製作の時間 ● 微調整の再製作コスト	● 質感や柄、デザインとの組み合わせをオンラインで再調整 ● バーチャルモデルによる着用後のイメージを再確認	● 生地の微調整、再製作の時間短縮、コスト削減 ● 利益率の大幅改善
製品	製品生産過程	● サンプル製作数の多さ ● サンプル調整の多さ	● バーチャルモデルで製品のデザインチェック ● バーチャルモデルで完成品の最終微調整	● 商品サンプル製作費用の減額 ● 商品サンプル製作時間の短縮 ● 商品サンプル開発費用の減額 ● 利益率の改善
販売	販売過程	● 在庫確保 ● ECでの疑似体験提供	● バーチャルでの接客 ● アバターの疑似試着 ● 同画面にて複数商品の対比	● リアル在庫のスリム化 ● 店舗のストックスペースの縮小 ● 販売員生産性の効率化

出典：心咚科技網絡（HeartDub）資料をもとに著者が作成

▶ アパレル製作現場の最新技術

5Gの普及により、VR（バーチャルリアリティー）のネット空間を介した製作環境が登場しました。
ネット空間を利用して、製作担当者とデザイナーが３Dデザインを共有して製作や修正作業ができるので、遠距離間での製作作業、サンプル製作の大幅な効率化が可能となりました。

（Product Lifecycle Management）の概念が持ち込まれ、独立した企業同士が情報を共有するチーム制が生まれることが予想されています。資本力のある商社がプラットフォームとなり、川上から川下までの無駄を排除し生産性の効率化といった「面」としての未来も見えてくるでしょう。

パターンオーダー
すでに用意されたパターンを、一部を修正して顧客サイズに合わせてスーツを完成させる手法。

商品推薦機能
AIがその消費者の過去の購入履歴から類似商品を選び紹介する機能。

PLM（Product Lifecycle Management）
アパレル業界では、個々の製品の企画→設計→生産→販売→メンテナンス→廃棄までの全工程でデータや情報を管理・共有する取り組みのこと。

Chapter7
03
広がるファッション
レンタルサービス

シーズンごとに購入したものの、着ないままクローゼットに溢れる服の解決策として注目を浴びているのが、服のレンタルです。買い物や服選びの時間も節約できるファッションレンタルサービスが拡大しています。

服も買うのではなくレンタルする時代

サブスクリプションとは、商品やサービスを購入するのではなく、定額料金で利用権を得るビジネスモデルです。アパレルでは従来、結婚式のドレスなど特別な衣装をレンタルするサービスはありましたが、近年は普段着をその対象としたファッションレンタルサービスが広がっています。車や家はレンタルするのに、服は買うものと疑わなかった時代への新提案として浸透しつつあります。消費者の生活様式、衣服に求める価値観が大きく変化する時代が、新しいサービスを生んだといえるでしょう。

新市場の開拓とサステナビリティ

ファッションレンタルサービスでは、会員数30万人を超えるエアークローゼットや会員数2万人を突破（2019年）した**メチャカリ**などが有名です。メチャカリの会員の7割は20〜30代の働く女性や子育て中のママなどが占めています。一方、メチャカリを運営するストライプインターナショナルの、小売実店舗を利用する既存客は会員の3割程度で、残りの7割は新規顧客です。自分のために買い物をする時間がない、コーディネートを考えるのが面倒など、店舗に足を運ぶ機会のない女性の支持を受け、新市場を創造したといえます。

サービス内容は、レンタル枠数と購入時の割引率により月額の異なる3コースがあり、自社ブランドの新品アイテムを毎月1〜5点までレンタルできます。返却期間はありませんが、返却したアイテム数だけ新たにレンタルできます。返却時にアイテム数に関係なく手数料が発生しますが、クリーニングは不要です。気に入った服は割引価格で買い取りができ、一定期間レンタルし続ければ自動で手

メチャカリ
岡山市に本社を置くストライプインターナショナルの事業部が運営している。2018年度の全社売上高915億円。

新市場
従来になかった手法で生み出された新しい需要のこと。

▶ ファッションレンタルサービスの例

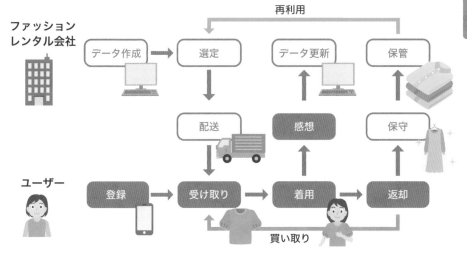

▶ 2次流通の例

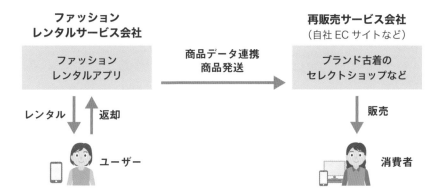

に入るというシステムです。

　返却されたユーズド品はストライプインターナショナルのECサイトなどで販売され、収益を発生させる**2次流通経路**も確立されています。試着代わりに利用する会員も少なくなく、無駄な買い物をすることもなくなり、サステナブルな面が受け入れられています。

2次流通経路
自社の販売商品を回収して検品、補修や加工をして再販するリサイクル流通のこと。

Chapter7
04

アパレル業界の問題解決のカギを握るエシカル消費

イギリスを起源とするエシカル消費は今後、アパレル業界の問題解決に貢献する消費スタイルとして期待されています。価格だけでなく、製品の生産背景まで考慮する消費者意識がアパレル企業のあり方を変えています。

社会課題の解決につながるエシカル消費

児童労働の問題
国際労働機関（ILO）が定める最低労働年齢に満たない児童による労働のこと。原則として15歳未満の労働は禁止されている（開発途上国では14歳未満）。

国際社会は、児童労働の問題以外にも、大気汚染、熱帯雨林の過剰伐採、温暖化、強制労働など多くの問題を抱えています。これらの問題の解決につながるのがエシカル消費です。

アパレル業界であれば、たとえば素材のコットンは世界の生産量の約80％が中国、インド、ウズベキスタンで生産されていますが、世界第2位のコットン生産国であるインドでは、多くの子どもが劣悪な条件で働かされています。消費者が積極的に買い求める安価な商品は、弱い立場にある現地の生産者の犠牲の上に成り立っており、また、地球環境を蔑ろにしていると批判されています。

熱帯雨林の過剰伐採
自然回復力を上回るスピードでの森林伐採のこと。世界の森林面積は2000年から2010年までに年平均520万ヘクタール（1分間で東京ドーム約2個分）が減少した。

エシカルファッションとは？

消費者が価格ではなく、これらの問題に配慮した商品を選ぶエシカル消費を選択するようになれば、企業はサービスや商品の生産過程をそうした視点から見直すことになります。安いものを選ぶのが悪いというわけではありませんが、自分が欲しい商品を買う消費者の権利を前提に、エシカルな視点を持つべき時代に来ていることをより意識すべきでしょう。たとえば、従来からあるフェアトレード商品を購入することは、生産者への適正な価格の支払いや生産者の労働環境を守ることにつながります。

強制労働
自分の意思ではなく、他者からの身体的・精神的な暴力や脅迫などによって行われる労働のこと。しばしば劣悪な労働環境のもとで行われる。

アジアに展開する日系の縫製工場は、清潔で規律正しく、現地工場のお手本となっています。また、生産過程で化学肥料や農薬を使わないオーガニック製品の購入は、フードだけでなく、アパレル製品でも可能です。価格が少し割高になっても農地へのダメージや生産者の健康被害も防ぐエシカルな消費といえます。

▶ エシカルな商品の価格の内訳例（衣料品・雑貨）

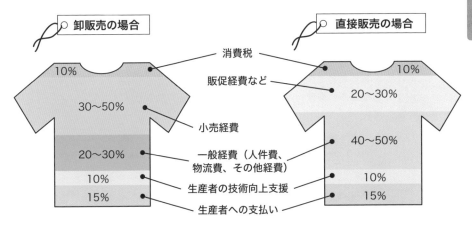

▶ エシカルな商品・サービスの購入状況

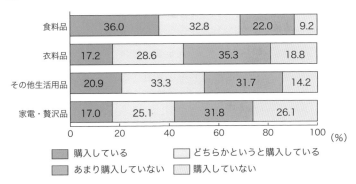

出典：消費者庁「倫理的商品（エシカル消費）に関する消費者意識調査」

🖝 ONE POINT

倫理的な意識を持った消費行動とは

　エシカル（ethical）を訳すと、倫理的、道徳的という意味になります。倫理は、人として守るべき行いや道のことで、エシカル消費とは、何かしらの規制や犠牲の上に成り立つのではなく、自分そして他者や社会、地球環境、自然にとってよいものを積極的に選ぶ消費行動を指します。消費者が消費行動を変えて地球環境や社会問題の解決の一端を担うという考え方といえるでしょう。

Chapter7
05

実店舗はEC販売の
補助的な役割に

今後、実店舗とネット販売は互いに補完的な機能を持ち、シームレスが進む
と考えられます。小売業はオムニチャネル（P.20）と呼ばれるチャネル融
合が進み、顧客利便性がさらに向上すると期待されています。

変革を求められるアパレル小売業

　アパレル市場は、消費者心理やジェネレーションの差異に大きな
影響を受けます。現在、消費者心理はコロナ禍で大きく変化してい
ます。たとえば、シーズンごとに通勤着を購入していたスタイルが
見直されています。在宅勤務でECの利便性が再認識され、買い物
の楽しみ方も変化しています。ネットでの購入が日常となり、店舗
の必要性さえ疑問視され始めています。

　また、ジェネレーションの変化に関しては、SNSが比重を上げて
います。雑誌を見ない世代の情報は、すべてスマートフォンだといっ
てもいいほどです。日常着を主体とする小売店ならば販売員は必要
なく、自動販売機での販売も起こり得ます。しかし、個性のあるア
パレル小売店からのSNSを通じた情報発信は若い消費者にとって
必須といえ、それは個別の店舗や個別の販売員が担っています。

変化する実店舗の役割

　こうした変化に対応し、現在、実店舗の役割が模索されています。
たとえば、2018年にオープンしたニューヨークのNIKEでは、店内に
スマホアプリでチェックインするとストアモードに切り替わり、欲し
い商品の場所や在庫の有無を調べ、決済までのすべてを販売員によ
る接客なしで完了できるシステムが導入されました。従来通りの販
売員によるスタイリング相談も可能で、望むサービスを消費者が選
べるようにデバイスを活用した事例として注目されました。

　今後、実店舗がEC販売の補助的な機能を充実させていくことは
間違いないでしょう。注文品のピックアップ、修繕などの対応、自
宅への配送、返品窓口などの機能や物流の拠点機能も兼ねると考え
られます。実店舗がなくなることはありませんが、補助的な役割と

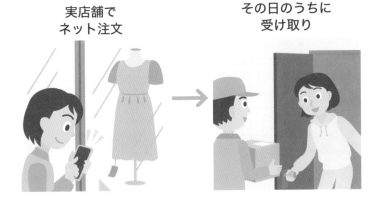

▶ オムニチャネルの成功（例）

実店舗で
ネット注文

その日のうちに
受け取り

SNSの口コミを
見て注文

近くのコンビニで
受け取り

そこでしかできない体験
ネット空間では不可能な試着での着心地や手触り体験、普段検索しない新鮮な一着との出会いなどの実体験のこと。飲食や雑貨、家具など他業界を巻き込んだ実体験もある。

ポップアップ型
商業施設や空き店舗、イベント会場などに出店する期間限定店。ブランドや商品のイメージ向上を目指す。

ノードストローム
ワシントン州シアトルに本店を置き、全米に100店舗以上を展開する高級百貨店チェーン。EC化率30%を誇るなど、先進的企業文化が特徴。

してそこでしかできない体験をどう提供できるかがカギとなるでしょう。消費者の行動に合った情報やサービスを即座に提供できる**ポップアップ型**の実店舗が増え、ネットを中心としたオムニチャネル化がより進化していくことが予想されています。

👉 ONE POINT

実店舗でしかできない体験

　米国の高級百貨店**ノードストローム**のマンハッタンにあるメンズ館は、靴売り場の中にバーカウンターが設けられており、「靴を買う」ことと「お酒を飲む」ことを組み合わせ、ゆっくりと楽しい買い物体験を提供しています。

Chapter7
06

消費者同士が業者を通さずに
直接取引する形態

現在、アパレル業界でも個人の消費者同士がネットを通して直接売買を行う取引形態が広がっています。販売価格の決定方法によって、フリーマーケット型とネットオークション型に分かれています。

2つのタイプがあるC to C-EC

　C to CとはConsumer to Consumer（消費者から消費者）の略で、一般消費者同士が個人で行う商取引を指します。C to C-ECはフリーマーケット型とネットオークション型に大別できます。どちらも個人間で売買を行いますが、価格の決定方法が違います。

　フリーマーケット型は**フリマアプリ**を利用し、売る側が販売価格を決定し、購入者がその価格に納得すれば取引が成立します。その際、出品者側が数パーセントの手数料を運営企業に支払います。不用品などを手軽に出品・換金でき、スマートフォンで簡単に取引ができます。代表的なサイトには**メルカリ**があります。

　ネットオークション型は、オークション形式で販売価格が決定します。出品された商品を購入者が入札し、設定された期限内に最も高い金額の入札者が落札・購入できるしくみです。手数料はフリマアプリ同様、落札額の数パーセントを出品者が運営企業に支払います。代表的なサイトには**ヤフオク！**があります。ほかにも、本に特化したブクマ、オタク向けアイテムのみを扱うオタマート、ハンドメイドに特化したCreemaなどがあります。

未来型個人ブティックの可能性

　メルカリのカテゴリー別売上割合ではレディス、メンズ、キッズ合わせてほぼ50％を占めており（2019年）、アパレル製品がC to C市場に向いていることは明らかです。「『買う』『売る』『宣伝する』」が一体化した、ブランドお墨付きのC to C型ショッピングサイト」のFOR SURE（フォーシュア）も登場しています。

　スマートフォンの利用者数の拡大により、フリマアプリやネットオークションを通じて消費者同士が手軽に取引できる環境が生まれ、

フリマアプリ
オンライン上のフリーマーケットで売買が可能になるアプリケーションのこと。

メルカリ
株式会社メルカリが運営するスマートフォンに特化したC to Cのためのマーケットプレイスのこと。株式会社メルカリ（2013年設立、本社東京都港区）は「テクノロジーの力で世界中の個人をつなぐ」が目標。2019年度の売上高は約763億円。

ヤフオク！
Zホールディングス株式会社の子会社ヤフーが1999年から提供する個人でも気軽に商品の売買ができる日本最大級のインターネットオークションサービスのこと。Zホールディングス株式会社の2019年度の売上高は約1兆529億円。

▶ 2021年度人気の主なフリマアプリ

サービス名	運営会社	ダウンロード数	手数料
メルカリ	株式会社メルカリ	8,000万 （＋米国2,500万）	販売代金の10% （取引成立商品のみ）
ラクマ （旧フリル）	株式会社Fablic（楽天）	600万	販売代金の6% （取引成立商品のみ）
オタマート	株式会社A Inc.	未公開	販売代金の10% （取引成立商品のみ）

▶ フリマアプリの推定市場規模

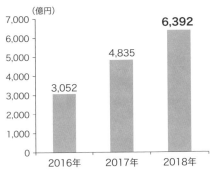

▶ ネットオークションの推定市場規模

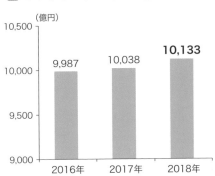

出典：経済産業省「電子商取引に関する市場調査」（平成30年度）

新たな市場とチャネルが開拓・創造されており、C to Cの市場規模は今後ますます拡大すると予測されています。ネット先進国のアメリカ（約14兆4,000億円）や中国（約9兆7,000億円）と比べるとまだまだ小さいですが、「未来型個人ブティック」が日本のC to Cの市場を切り拓いていく日も遠くはないでしょう。

ONE POINT
成長するC to C市場

　C to Cの市場規模は1兆7,407億円（2019年度）と、B to B（2019年度352兆9,629億円）やB to C（2018年度19兆3,609億円）に比べ小さいですが、スマートフォンやタブレット端末の増加で新たな需要が拡大し、市場は著しく成長しています（前年比9.5％増、いずれも経済産業省調べ）。

生産システムの進化が一着ずつの製造を可能に

3Dボディスキャナー技術を利用して採寸し、顧客一人ひとりに最適な商品を提供するパーソナライズが始まっています。アイテムは、下着やスーツなどにも広がっており、さらなる展開が見込まれています。

パーソナライズによる"最適"の提案

アパレル業界では、パーソナライズが新たな潮流になっています。人の体は左右で同サイズではありません。腕の長さ、足のサイズなどをとっても微妙な違いがあり、既製服では限界があります。

ヌードサイズが最も反映される下着では、ワコールは2019年5月に、東京・原宿の東急プラザ表参道原宿店の新型店舗に5秒で全身のサイズをセルフ計測できる3Dボディスキャナーと接客AIを本格導入し、販売しているブラジャーから最適な商品を提案しています。

採寸の方法やどこまでカスタマイズできるかは、アパレル各社が試行錯誤の段階といえますが、パーソナルオーダーの成功例として、カシヤマやスーツセレクトなどのパターンオーダースーツがあります。最初の採寸は旧来通りスタッフが行いますが、その採寸データを使ってネットから簡単に注文できるスタイルです。Original Stitchもカスタムシャツを展開しています。

進む生産システムのAI化

こうしたパーソナライズ市場の拡大を支えるのは生産システムのAI化です。ニットでは全自動編機も生まれ、一着ずつの製造が可能になり、生地へのプリント加工も店頭で気軽にできるようになっています。特にTシャツ、トレーナー、パーカーのオリジナルプリントは広く実用化されています。

また、若手デザイナーが顧客に合わせた一着をオートクチュールのようにネット販売することも生産システムの進化によって可能になり、徐々に市場を拡大させています。

3Dボディスキャナー
立体的なサイズ計測が瞬時にできる機器のこと。ワコールの場合は、5秒で150万ポイントを計測し、トップバストなど18カ所のデータを提示。

カスタムシャツ
既製品のシャツを自分好みに作り変えることができるシャツのこと。

オートクチュール
厳しい条件を満たさないと加入できないパリの高級衣装店組合の加入店で作る一点物の最高級の服のこと。

▶ 3Dボディスキャナー例

写真提供：ワコール

ワコールが提供する「3D smart & try」というサービスでは、3Dスキャナーの技術により、自分の体型を簡単に計測でき、計測結果をもとに、AIから自分に合った下着の案内が受けられる。

▶ 既製服とオーダーメイド服

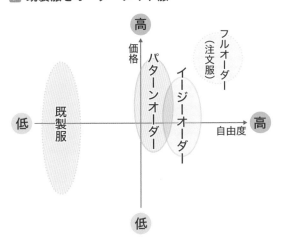

👍 ONE POINT

アパレル業界で進むデジタルサービス

　衣服以上にフィット感が重要な靴でも、ZOZOがZOZOMATを開発し、伊勢丹百貨店の靴売り場でも3Dスキャナーの使用が始まっています。ワールドのgaugeは顧客の足のサイズを3Dスキャナーで採寸し、左右に適したサイズの靴を組み合わせたセミオーダー型のハイヒールを販売し、以前からARでの採寸アプリNIKE Fitを展開していたNIKEもNIKE By Youと名付けた世界で一足のカスタマイズ注文が可能なネットサービスを導入するなど、さまざまな展開が進んでいます。

消費者の価値観の変化に合わせて変わるアパレル小売業界

消費者がアパレル小売業に求める価値観が両極化しています。価格や品質、トレンドなど、消費者の好みにどのようにアプローチするかがこれからのアパレル小売業の生き残りに不可欠です。

両極化する消費者意識

国内アパレル産業は高齢化や人口減少、アパレル支出額・単価の低下などで、繊研新聞社の推計を基準とすると、現在9.2兆円の市場は今後10年間で約1.5兆円減少し、2030年には7兆7,360億円になると予測されています。コロナ禍の影響で消費者意識は単価にもシビアになっており、今後、アパレル支出額が毎年1％減少した場合には約7.1兆円、2％下落した場合には約6.2兆円まで縮小する可能性もあります。

しかし、すべての消費者が安さだけを求めているわけではありません。低コスト思考を持つ消費者が増加する一方、セレクトショップの一点物、**ハイブランド**の高級品を好む人々も存在しており、百貨店の主要顧客である**中間層**が両極化しつつあります。

アパレル小売業の分断

消費者の両極化では、アイテムの使用期間も変わります。安価なトレンドアイテムは一般的に短サイクルで買い替えられますが、高価でトレンドに関係のないアイテムは長期間愛用されます。高価な商品と安価な商品をあえてミックスさせて楽しむ人も増えており、中間価格帯の需要は減少しています。

しかし、どれだけ消費者意識が変わり、市場規模が縮小しても、衣料品は生活必需品であり、業界自体が無くなることはありません。高価なブランド品と安価な実用衣料、個性的なデザイナーの受注生産的な販売とグローバルSPAによるポップアップ店の販売などのように大別されていくでしょう。

価格の両極化、さらには市場の両極化は今後、個人の好みとともにより細かくなっていくと予想されます。

ハイブランド
もともとは王室や貴族など上流階級に向けた品質・価格とも最上級のブランドのこと。高いデザイン性や品質、伝統や格式を兼ね備えている。

中間層
アパレル業界では、中間価格帯を購入する消費者を中間層と呼ぶ。

アクセシブル
英語で、accessible luxury。「手の届くぜいたく」という意味で、高価なブランドと一般的なブランドの間に位置するブランドのこと。

▶ アパレル小売業の変化

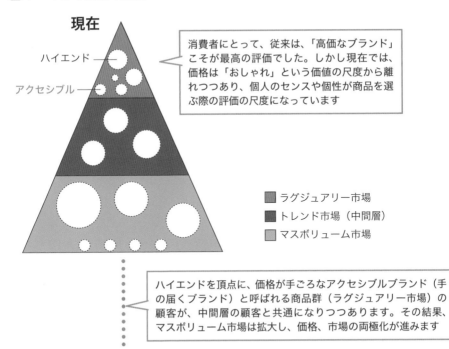

現在

ハイエンド ——

アクセシブル ——

> 消費者にとって、従来は、「高価なブランド」こそが最高の評価でした。しかし現在では、価格は「おしゃれ」という価値の尺度から離れつつあり、個人のセンスや個性が商品を選ぶ際の評価の尺度になっています

■ ラグジュアリー市場
■ トレンド市場（中間層）
■ マスボリューム市場

> ハイエンドを頂点に、価格が手ごろなアクセシブルブランド（手の届くブランド）と呼ばれる商品群（ラグジュアリー市場）の顧客が、中間層の顧客と共通になりつつあります。その結果、マスボリューム市場は拡大し、価格、市場の両極化が進みます

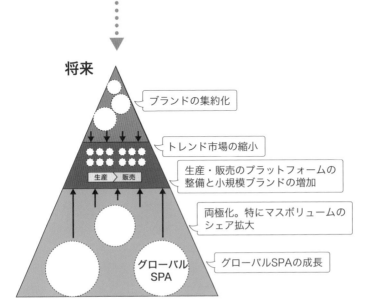

将来

> ブランドの集約化

↓ ↓ ↓ ↓

> トレンド市場の縮小

生産 ＞ 販売

> 生産・販売のプラットフォームの整備と小規模ブランドの増加

> 両極化。特にマスボリュームのシェア拡大

グローバルSPA

> グローバルSPAの成長

Chapter7 09

伝統的な男女の概念の変化に アパレル業界も変革のとき

LGBTQ運動の社会的認知などにより、性別で分けることの意義が問われています。アパレル業界でも、従来のメンズコレクションとレディスコレクションの別開催への疑問から、作品や発表方法などが問い直されています。

ジェンダーレス化は時代の大きな流れ

近年、伝統的な二者択一の性別と、それに基づく性的指向に囚われない考え方である**LGBTQ**など、ジェンダーの多様化への認識が一般化しつつあります。国連も男女差別撤廃の流れを受け、1997年からジェンダー平等の取り組みを推進し、性的マイノリティに関する啓蒙も進んでいます。日本の学校でもセクシャルマイノリティの生徒への配慮として男女ともにスラックスとスカート、ネクタイとリボンからの自由な組み合わせを許可する動きがあります。問題解決への道程はこれからですが、着実に変化しています。

電通ダイバーシティ・ラボが2018年に行った調査では、国内人口の約8.9％（約1,112万人）がLGBTに該当し、その市場規模は5.9兆円に相当するとされ、その層を意識したマーケティングの必要性も認識されつつあります。

アパレル業界も多様性の時代に

アパレル業界でも、男性向け、女性向けのコレクションを別展開していた従来のビジネスモデルの見直しが始まっています。コレクションの男女同時開催のほか、グッチはジェンダーを意識しないコレクションスタイルを発表し、ルイ・ヴィトンやヴァレンチノといった老舗ハイブランドも2019年春夏からジェンダーレスな方向性を打ち出しました。

具体的には、トランスジェンダーのモデルを起用したり、モデルと服のジェンダーを曖昧にしたり、モデルと服の性別を入れ替えたりすることで性別の壁を取り払う姿勢を見せています。2018年、ワイズがジェンダーレスラインであるY's BANG ONを展開、メゾン マルタン・マルジェラのデザイナージョン・ガリアーノも同年、

LGBTQ
セクシャルマイノリティの総称の１つ。L（レスビアン）、G（ゲイ）、B（バイセクシュアル）、T（トランスジェンダー）以外のセクシャリティ（Q：クエスチョニング、クイア）も存在していることを強調する言葉。

電通ダイバーシティ・ラボ
2011年創設。ダイバーシティ＆インクルージョン課題のソリューション開発の活動部署。

ジョン・ガリアーノ
1960年生まれのイギリス人デザイナー。ジバンシー、ディオールを経て2014年メゾン マルタン・マルジェラ（現メゾン マルジェラ）のクリエイティブディレクターに就任。一時期は革新的すぎて売れない服と呼ばれ、人種差別や女性差別問題も起こしたが、想像力、手法は業界で高く評価されている。

▶ ジェンダーレス学生服

写真提供：共同通信

学生服の老舗アパレルメーカーである、株式会社トンボでは、性差の少ない「ジェンダーレス学生服」をデザイン、販売しています。
こうした流れは近年、学校学生服のアパレルメーカーでは多く、同じく老舗のアパレルメーカーである株式会社官公学生服なども、ファスナーのない（合わせ目のない）ジェンダーレス学生服を販売しています

自身初のフレグランスでジェンダーレスなコンセプトを打ち出しました。

　日本でも渋谷パルコのグッチショップでは男女の売り場を分けないなど、ジェンダーレスは確実な流れとなっています。多様性という時代の要請に、アパレル業界はますます応えていく必要があるでしょう。

コラボレーションが生む新たな価値

アパレルブランドの
ボーダーレス化

ハイブランドとストリートブランド、ファストファッションブランドとデザイナーズブランドなど、異質のものがコラボレーションすることで、新たな魅力の商品が生まれています。

シーズンごとのコラボレーション販売が定着

売れ筋やトレンドの変化が激しいアパレル業界にあって、他社のデザイナーなどと商品開発を行うことをコラボレーションと呼びます。たとえば、NIKEのエア・ジョーダンがあります。バスケットボールの神様と呼ばれるマイケル・ジョーダンのモデルで、スポーツシューズ史上最も有名なシューズといわれています。初めてエア・ジョーダンが発売されたのは1985年です。NIKEがバスケットボールリーグのNBAへの本格的な参入を決断した戦略でした。その成功はよく知られ、現在では100万円を超えて取り引きされるものも珍しくなく、プレミアの付く商品の代表です。このように限定された商品が新たな需要を喚起します。

2017年秋冬コレクションでは、ルイ・ヴィトン×シュプリームのコラボ商品が大きな話題となりました。このように、ストリートファッションのようなカジュアルブランドとデザイナーズブランドやハイブランドのコラボもシーズンごとに日常化しています。カジュアルブランド側にはブランド価値の底上げと確実な売上が見込め、デザイナーズブランドやハイブランド側はカジュアルブランドの巨大な店舗網での露出と販売プロモーションによりブランド知名度のアップを図り、新規顧客を開拓できます。

ファッション不況といわれる中、徹夜の行列、即完売とセンセーショナルなニュースを生み続けるコラボレーションは、双方にとってのメリットと消費者の根強い支持があり、今後も続くでしょう。

"お気に入り"は人それぞれ

コラボの背景には、消費者の「個」の確立があると考えられます。各社店頭での同一化が特徴だったアパレル業界で、コラボレーショ

マイケル・ジョーダン
1963年2月17日ニューヨーク州ブルックリン生まれの元プロバスケットボール選手。シカゴ・ブルズ、ワシントン・ウィザーズで大活躍し、バスケの神様と呼ばれる。現在は慈善活動に注力。

NBA
北米のプロバスケットボールリーグのこと。30チームが所属する。

シュプリーム
1994年NYにて創業。ヒップホップ、スケートボード文化を背景としたストリートファッションの代表的ブランド。2020年11月にVFコーポレーションが21億ドル（2,200億円）で買収した。

デザイナーズブランド
デザイナー自身の名前をブランド名にしたファッションブランドのこと。クリスチャン・ディオール、イッセイミヤケなど。

▶ 人気コラボ商品（例）

伝説的デザイナー、ジル・サンダーとユニクロがコラボしたハイブリッドダウンジャケット（2020年秋冬コレクション）。9年ぶりのコラボ復活が話題を呼んだ。

鬼滅の刃とジーユーのコラボ第2弾（2020年11月）のKIDS（男女兼用）プルオーバー。第1弾（2020年8月）の再販商品とともに最新コラボ商品が発売された。

▶ 大きな話題となったコラボレーション例

2009AW	ユニクロ×ジル・サンダー	パリの旗艦店オープンに合わせてスタートした。欧米でのユニクロの認知度を一気に上げた
2014SS	ルイ・ヴィトン×BMW	BMW特定車種用にカーボン・ファイバー素材でシリーズを発表
2015SS	ニューバランス×ケイト・スペード	ケイトスペードの軽快な色使いで発表されたフィットネスシューズ
2017AW	ルイ・ヴィトン×シュプリーム	最高裁まで争っていた2社がまさかのコラボレーション！ トランクは1,500万円で取引された
2021SS	グッチ×ドラえもん	日本が誇る、世界の人気者ドラえもんとグッチのタッグ
2021SS	コム・デ・ギャルソン×ナイキ	ナイキのサッカースパイク「プレミア（PREMIER）」をエレガントに再解釈
2021SS	ワイズ×ドクターマーチン	定番サンダル「グリフォン（GRYPHON）」をベースにしたユニセックススタイルのサンダル

ンは競合より、共栄の象徴といえるでしょう。アパレルブランド同士のコラボレーションだけでなく、昨今は国内外の人気コミック、映画、音楽、有名企業と、コラボレーションの対象が広がっています。一人ひとりが"お気に入り"を着ることがファッションになる時代が始まっています。

店頭での同一化
各社が売れている商品を短納期で店頭に導入するため、似た商品が各店舗に並ぶ現象のこと。

業界参入を狙う他業種とは

アパレルは
新規参入しやすい！？

　21世紀、急成長可能な市場は音楽市場とアパレル市場と言われています。アパレル市場への新規参入は障壁が低いという声がありますが、事実、申請も許可も必要ありません。2019年のアパレル市場シェアも1位のユニクロが10％強、2位のしまむらから上位10社合計で20％前後、残りの約70％を中小零細企業が競合しています。高機能と低価格が魅力のワークマンのように、急成長が可能な夢のある市場です。

　実例を挙げると、2007年に水道工事会社のオアシスソリューションが自社の10周年記念企画と社員募集のために社員の作業服改善にチャレンジしました（P.17）。"現場からそのままデートに行ける作業着"ということで「ワークウェアスーツ」を女性社員の意見を反映させて開発。2018年に外販を始めると初年度で売上1億円を達成。2020年2月期は3億円に成長し、協業の申し入れも多く、2021年にはセレクトショップのエディフィスともコラボ商品を販売し、10億円を目指しています。

アパレルの
ニッチと新規市場

　ほかにも、家具SPA大手のニトリが「私のための大人服」をコンセプトに2019年「N+（エヌプラス）」をECでスタートさせ、リアル店舗での売り場展開も本格化させました。SPAスタイルでのアパレル市場参入には注目が集まっています。

　また、同じく2019年、車関連企業のオートバックスが、"街着としても着られるガレージウェア"のコンセプトで自社ブランド「ゴードンミラー」をスタートさせました。自動車メーカーとのタイアップなど、ほかのアウトドアブランドではできない協業などで話題を呼びました。

　ニッチ市場は潜在的に限りなくあり、未開拓な需要が見込めます。アパレル以外のカテゴリーでブランディングできていれば、アパレルへの進出は可能です。今後もこのアパレル外カテゴリーによるアパレル参入は続くでしょう。

アパレル業界用語
基本用語と略語

基本用語

あんこ
鞄やシューズなどの中に入れる型崩れを起こさないための詰め物のこと。

薄紙（うすがみ）
顧客が購入した商品を包む薄い紙。基本的にはプレゼント用のラッピング包装で使われるが、ラグジュアリーブランドではそれに限らず使われることが多い。

オーガニックコットン
2〜3年以上のオーガニック農産物などの生産の実践を経て、認証機関に認められた農地で、栽培に使われる農薬や肥料の厳格な基準を守って育てられた綿花のこと。

掛け率（かけりつ）
定価に対しての仕入れ価格の割合のこと。掛け率が高いほど利益は多くなる。

旗艦店（きかんてん）
ブランド内において、存在する店舗の中で他店と比較して明確に規模や品揃えなどが最上位にある店舗。フラッグシップショップとも呼ぶ。単体路面店、商業施設の1Fに出店しているのが一般的。頻繁にメディアに登場する。

キャリー品
実売期を過ぎても、販売が継続される商品や持越在庫のこと。

ゴールデンゾーン
商品に目が行きやすく手に取ってもらいやすい高さのこと。男性商品の場合は70cm〜160cm、女性の場合は60cm〜150cm付近が目安とされる。

死に筋（しにすじ）
売れない製品や商品のこと。デッドストックとも呼ばれる。

ショッパー
買い物袋のこと。ブランド訴求にもつながる重要なアイテム。紙袋とビニール袋がある。

棚卸（たなおろし）
商品数を管理している帳簿などと付き合わせをし、商品の種類や数量が一致しているかを確かめる作業のこと。

導線（どうせん）
客が入店してから会計に至るまでの経路のこと。あるいは店舗内の移動経路のこと。

トルソー
胴体部分のみのボディ。展示や仮縫い作業などに用いられる。全身の場合はマネキンと呼ぶ。

ノーブランド
ブランド名を表示しないこと。

パッキン
商品や備品が入っているダンボールを指す。

バックヤード
従業員の休憩スペース、在庫管理をするスペースのこと。

ハンギング
商品をハンガーに掛けること。ボトムスやスカートの場合も同じハンギングという。

B品（びーひん）
汚れやほつれなどがある、状態のよくない商品のこと。

B返（びーへん）
B品を卸などに返品すること。

フェイス
店の顔となる、客から見て一番目立つ場所のこと。

フェイスアウト
顧客の目に触れやすい什器棚や、ラックに商品を並べる手法。デザイン性の高い商品や売れ筋商品など特にアピールしたい商品を陳列する。

プレタポルテ
高級な既製服のこと。有名なデザイナーやメーカーの商品を指す。

ロス
売れ行きに対し、追加納品が間に合わないため商品を売ることができないなど、機会損失としての意味で使われる。

略語

アイテム
ACC　アクセサリー
CS　カットソー
JK　ジャケット
SK　スカート
KT、KNT　ニット
PT、PNT　パンツ
BL　ブラウス
OP　ワンピース

季節もの

SS/AW（エスエス／エーダブ）
SSは春夏商品やシーズンのこと、AWは秋冬商品やシーズンのことを指す。春（SPRING）と夏（SUMMER）、秋（AUTUMN）と冬（WINTER）の頭文字で表される。

アパレル業界マップ
主なアパレル企業と売上高　　※順不同

川上の主な企業

化学繊維（祖業）

東レ　8,831億円
　（繊維事業）
帝人　6,338億円
　（繊維関連事業）
帝人フロンティア　2,122億円

綿紡績（祖業）

東洋紡　1,267億円
　（繊維関連事業）
日東紡　857億円
ダイワボウHD　716億円
　（繊維事業）

絹紡績（祖業）

GSIクレオス　897億円
グンゼ　692億円
　（アパレル事業）
川島織物セルコン　296億円

川中の主な企業

繊維加工

セーレン　944億円
　（ハイファッション・車両資材合計）
住江織物　915億円
日本バイリーン　707億円

総合アパレルメーカー

オンワードホールディングス
　　　　　　　　　　　　　2,482億円

三陽商会　688億円
ファイブフォックス　503億円
イトキン　446億円
ルックホールディング　439億円

専門アパレルメーカー

ワコールホールディングス
　　　　　　　　　　　　　1,867億円

モンベル　840億円
ゴールドウイン　779億円
ワークマン　　923億円

カジュアルSPA

ファーストリテイリング　　2兆2,905億円
アダストリア　　2,223億円
良品計画（繊維関連事業）　1,334億円
ストライプインターナショナル　1,325億円
パルグループホールディングス　1,321億円

川下の主な企業

百貨店
（アパレル含む全体売上）

三越伊勢丹HD　1兆1,191億円
髙島屋　9,190億円
エイチ・ツー・オー リテイリング
（阪急・阪神）　8,972億円
そごう・西武　6,001億円
大丸松坂屋百貨店　4,806億円

紳士服専門店

青山商事　　2,176億円
AOKIホールディングス　983億円
コナカ　606億円
はるやまホールディングス
505億円

ライフスタイル提案型

良品計画　4,387億円
サザビーリーグ　1,113億円
東急ハンズ　956億円

2次流通
（中古衣料販売以外も含む）

ゲオホールディングス
（セカンドストリート）　1,223億円
ブックオフグループHD　843億円

仕入れ主体

しまむら　5,228億円

セレクトショップ

ユナイテッドアローズ　1,574億円
ビームス　854億円
アーバンリサーチ　715億円
シップス　231億円

ECモール型

アマゾンジャパン　1兆7,218億円
楽天　7,925億円
（EC事業のみ）
Zホールディングス　7,427億円
（EC事業のみ）

カタログ通販
（個人向け）

ベルーナ　1,799億円
ディノス・セシール　1,048億円
千趣会　891億円

海外SPA

インディテックス（ZARAなど）　3兆3,858億円（スペイン）
ヘネス＆マウリッツ（H&Mなど）　2兆6,534億円（スウェーデン）
ギャップ（GAP、バナナリパブリックなど）　1兆7,628億円（アメリカ）
プライマーク　1兆433億円（イギリス）
ネクスト　5,712億円（イギリス）

アパレル業界年表
1980〜2020年

	アパレル業界の出来事	社会の様子
1980	●冷夏で夏物商戦不振 ●ミリタリールック話題 ●アメトラ（アメリカン・トラディショナル）ブーム ●ロゴ入りトレーナーヒット ●シャネルスーツ復活	三浦友和、山口百恵結婚／新宿バス放火事件／竹の子族／ポール・マッカートニー、大麻不法所持で逮捕・国外退去／イラン・イラク戦争
1981	●川久保玲、山本耀司パリコレ初参加 ●ノーマ・カマリ人気 ●東京コレクション開始 ●DC（デザイナー＆キャラクター）ブランドブーム ●大規模ショッピングセンター「ららぽーと」開店	千代の富士が横綱に昇進／黒柳徹子『窓際のトットちゃん』がベストセラー／なめネコブーム／ピンク・レディー解散
1982	●アルマーニ、ベネトン注目 ●ベネトン ジャパン日本1号店を東京にオープン ●ボロルック、モノトーンルック人気（コム デ ギャルソン、ワイズなど） ●イッセイ・ミヤケUSA設立 ●古着ブティックの展開（赤富士、シカゴなど）	新1万円札発行／第1次中曽根内閣／日航機、羽田沖墜落／ホテル・ニュージャパン火災／パーソナルコンピュータPC-9801発売／コンパクトディスクプレーヤー発売
1983	●黒ブーム（カラスファッション） ●アニエスb話題 ●ホーキンスのウォーキングシューズ注目 ●シンプルライン注目 ●ピンクハウスの女の子らしい花柄、水玉プリント人気	三宅島噴火／レーガン米大統領来日／第2次中曽根内閣／米原子力空母「カールビンソン」佐世保初寄港／東京ディズニーランド開園／家庭用ゲーム機「ファミリーコンピュータ」発売
1984	●無印良品の衣料アイテムが1,000点突破 ●黒のビッグシルエットブーム ●シャネルブーム ●イタリアンカジュアル流行 ●レノマのバッグヒット	米原子力空母「カールビンソン」横須賀寄港／日経平均株価、初の1万円突破／植村直己消息不明
1985	●リュック人気 ●「MEN'S NON-NO」創刊 ●丸井のスパークリングセール大盛況 ●DCブランド全盛（1兆円規模） ●DC古着人気 ●スパイラルマーケット（ワコール）青山にオープン	つくば科学万博開催／日航ジャンボ機御巣鷹山墜落事故／日本専売公社民営化、日本たばこ産業株式会社（JT）発足／日本電信電話公社民営化、日本電信電話株式会社（NTT）発足／横綱北の湖、現役引退
1986	●リーボック人気 ●ボディコン・ライン台頭 ●レトロ着物人気 ●ビッグジャケット急拡大 ●ハイレグ水着登場	ビートたけしフライデー乱入事件／第3次中曽根康弘内閣発足／ファミリーコンピュータ用ソフト「ドラゴンクエスト」発売／チェルノブイリ原発事故
1987	●ヴィトンバッグ人気再燃 ●アメカジブーム ●ピンダイ現象（ピンキー＆ダイアン、ジュンコシマダなどボディコン服人気） ●ソニア・リキエルのバッグ、シャネルのTシャツ流行 ●ミニスカート復活	プロ野球・広島の衣笠選手連続試合出場の世界記録／国鉄民営化、JRグループ発足／竹下登内閣発足／マイケル・ジャクソン、マドンナ来日

1988	●渋カジブーム ●ダナ・キャラン人気 ●イタリアンインポートブーム ●トラディショナルスーツ復活 ●「Hanako」創刊	青函トンネル開通／瀬戸大橋開通／ソウル五輪／カルガリー冬季五輪／東京ドーム開業
1989	●デザイナーの制服話題（鳥居ユキなど） ●コム デ ギャルソンが青山に出店（200坪） ●アパレル輸入100億ドル時代 ●百貨店リニューアルブーム（人気海外ブランドの導入）	サンフランシスコ大地震／昭和天皇崩御／消費税導入／天安門事件／美空ひばり死去／「ベルリンの壁」崩壊／新元号「平成」
1990	●紺ブレザーなどトラッド人気 ●東京コレクションに韓国初参加 ●DCスポーツブランドの台頭 ●ラメ素材、金ボタン、金糸など光り素材流行 ●起毛素材（ベルベット、ベロアなど）流行	即位の礼／ソユーズTM11打ち上げ、日本人初の宇宙飛行士／東西ドイツ統一／礼宮（秋篠宮）、川島紀子ご結婚／英サッチャー首相辞退
1991	●英国調ツィード（タータン、千鳥）人気 ●カジュアルコート、鹿の子ポロシャツヒット ●UVカット素材ヒット ●プリントサマードレス、プリント柄シャツ人気 ●ギャレ大阪オープン	湾岸戦争／東北・上越新幹線東京駅乗り入れ／ソ連邦消滅／雲仙普賢岳噴火／横綱千代の富士引退
1992	●フレンチカジュアル大流行 ●グランジルック登場 ●神戸ハーバーランドオープン ●グッドアップブラ、Tバックヒット ●デニム、ダンガリー素材好調	バルセロナ五輪／ユーゴ紛争／中韓国交樹立／大相撲貴花田、史上最年少優勝／東京佐川急便事件／米スペースシャトル「エンデバー」毛利衛さん搭乗／PKO法案強行採決
1993	●Jリーグ発足でスポーツカジュアル、ミサンガ、スポーツサンダル流行 ●サボがヒット ●形態安定加工シャツ登場 ●メンズスーツの低価格化 ●ビキニ水着＆パレオ人気	皇太子、小和田雅子ご結婚／W杯サッカーアジア最終予選・日本対イラク戦／米世界貿易センター爆破事件／非自民細川連立内閣／クリントン米大統領就任
1994	●女子高生にルーズソックス人気拡大 ●オーガニックコットンの台頭 ●ブーツ、トートバッグヒット ●タトゥ、ボディピアス話題 ●スノボファッション、ネオサーファーファッション	ルワンダ内戦／関西国際空港開港／プロ野球・イチロー200本安打／オウム真理教・松本サリン事件／貴乃花横綱昇進／村山内閣発足
1995	●ユニクロ、フリース発売 ●玉川高島屋SCオープン ●ストレッチ素材注目 ●コーデュロイ、チノパン流行 ●カルバンクラインの下着 ●本格的アウトレットモール開業（鶴見はなぽ〜とブロッサム）	国松警察庁長官狙撃事件／フランス南太平洋で核実験再開／東京銀行と三菱銀行合併／阪神淡路大震災／米メジャーリーグ野茂英雄新人王
1996	●有明ベイモール、神戸ハーバーサーカス、キャナルシティ博多などがオープン ●ルーズソックス人気沸騰 ●ナイキブーム ●新宿高島屋オープン（200ブランド展開）	狂牛病／アトランタ五輪開催／ペルー日本大使公邸人質事件／将棋・羽生善治名人7冠
1997	●109系ファッションの台頭 ●裏原宿スタイル注目 ●インディーズブランド人気 ●軽涼スーツヒット ●Tシャツブラ（シームレスパッド）ヒット	東京湾アクアライン開通／北海道拓殖銀行倒産／香港、中国返還／山一證券自主廃業／ダイアナ元英皇太子妃死去／地球温暖化防止京都会議

	アパレル業界の出来事	社会の様子
1998	●ヒョウ柄人気 ●ローライズジーンズヒット ●スポーツ系カジュアルブーム ●迷彩プリント、カーキ系ヒット ●北京そごうが中国最大規模の百貨店としてオープン	長野五輪開催／和歌山毒物カレー事件／ロシア金融危機／ローマ法王、キューバ訪問／エリツィン大統領来日
1999	●古着リメイクブーム ●厚底靴ブーム ●ウォッシャブル、ホームクリーニング可アイテム注目 ●ストレッチデニム台頭 ●お台場ヴィーナスフォート開業	北朝鮮工作船が日本領海侵犯／大手銀行など15行に公的資金注入／全日空機ハイジャック事件／茨城県東海村JCO臨界事故
2000	●そごう倒産 ●長崎屋倒産 ●仏カルフール進出 ●Gジャンヒット ●コラボ人気（モード×ストリート）	シドニー五輪開催／パラパラブーム／公的介護保険開始／沖縄サミット開催／ネットオークションが普及
2001	●ホルターネック、ワンショルダーヒット ●マイカル倒産 ●銀座にラグジュアリーブランドショップ開店続く	小泉内閣発足／米同時テロ発生／東京ディズニーシー、ユニバーサルスタジオジャパン開業
2002	●プルミエール・ヴィジョンに日本企業が出店 ●ハナエ・モリ倒産 ●ウォルマートが西友を買収	欧州単一通貨ユーロ流通開始／フリーター増加／サッカー日韓ワールドカップ開催
2003	●西武・そごう経営統合 ●伊勢丹メンズ館リモデル開業 ●カーゴパンツ人気 ●ヌーブラ大ヒット	新型肺炎SARS世界的流行／イラク戦争／六本木ヒルズ開業／『千と千尋の神隠し』アカデミー賞受賞
2004	●ユニクロ米国進出 ●機能性ダウンコートヒット ●美脚パンツ大人気 ●カジュアルシーンの着物に注目	アテネ五輪開催／新潟中越地震／オレオレ詐欺横行／韓流ブームに火が付く／イチロー大リーグシーズン最多安打記録達成／ニンテンドーDS発売
2005	●JFW（ジャパンファッションウィーク）開始 ●ワールド上場廃止 ●仏カルフール撤退 ●クールビズ推奨 ●東京ガールズコレクション開始	愛知万博開催／環境省が「クールビズ」発表／郵政民営化法成立／ヒルズ族ブーム
2006	●阪急阪神ホールディングス誕生 ●ららぽーと豊洲開業 ●表参道ヒルズ開業 ●浴衣ブーム	格差社会／ミクシィブーム／トリノ五輪開催、女子フィギュアスケート・荒川静香金メダル
2007	●新丸ビル開業 ●東京ミッドタウン開業 ●ハイテク素材、機能性ウェア流行 ●クロックス、レインブーツ、ブーティ流行	米サブプライム問題発生／消えた年金問題／能登島沖地震／参院選で民主党大勝、与野党逆転
2008	●H&M日本上陸 ●アウトレット人気	リーマンショック／北京五輪開催／ネットカフェ難民問題／iPhone日本発売
2009	●990円ジーンズが話題に ●百貨店のアパレル売上不振 ●ユニクロ好調続く ●フォーエバー21日本上陸 ●甘辛MIXスタイル流行	世界同時不況／民主党鳩山政権誕生／米オバマ大統領就任／派遣切り問題発生／皆既日食ブーム

2010	●有楽町西武撤退 ●カンカン帽人気 ●ZOZO の成長続く ●ヒートテックブレイク ●山ガールブーム	JAL 経営破綻／尖閣列島で中国漁船衝突事件／クールジャパン戦略スタート／羽田東京国際空港新国際線旅客ターミナル開業
2011	●スーパークールビズ ●東京スタイルとサンエーが経営統合 ●東京コレクションがメルセデスベンツ主催に ●三越伊勢丹発足 ●ムートンブーツ人気	東日本大震災、福島第一原発事故／フェイスブックが拡大／英ウィリアム王子結婚／エキナカブーム／スマホ拡大
2012	●英アクアスキュータム経営破綻 ●渋谷ヒカリエ開業 ●新宿ビックロ開業 ●セール時期の見直し議論の高まり ●レギパン人気	ロンドン五輪開催／山中伸弥教授ノーベル生理学・医学賞受賞／東京スカイツリー開業／香り洗剤ラッシュ／前田敦子 AKB 卒業
2013	●三井物産が米ポール・スチュワートを買収 ●セレクトショップ成長続く ●オムニチャネルへの関心の高まり ●スキニーパンツ人気	東京五輪決定／3D プリンター元年／富士山が世界文化遺産登録／和食が無形文化遺産登録／新歌舞伎座落成／ラナ・プラザ事件
2014	●ショールーミング台頭 ●ノームコアブーム ●青山ベルコモンズ閉店 ●ボタニカル女子人気	消費税8％スタート／『アナと雪の女王』大ヒット／富岡製糸工場世界文化遺産登録
2015	●三陽商会がバーバリーとの契約終了 ●セブン＆アイ HD がバーニーズを子会社化 ●中国人観光客の爆買い ●ゆったりコーデ人気 ●サイドゴアブーツ人気	インバウンド消費が拡大／北陸新幹線が開通／マイナンバー制度スタート／中国経済にブレーキ／安全保障関連法成立
2016	●東急プラザ銀座開業 ●ジョガーパンツ人気 ●セブン＆アイ HD がニッセンを子会社化	日銀マイナス金利導入／東京都知事に小池百合子氏当選／熊本地震発生／出生数 100 万人を割る／SMAP 解散
2017	●GINZA SIX 開業 ●インバウンド需要がさらに成長 ●銀座地区にオープンとリニューアル相次ぐ ●シュプリームとルイ・ヴィトンのコラボが爆発的人気に	米トランプ政権発足／IS 事実上崩壊／九州北部豪雨／将棋・藤井4段が29連勝
2018	●ザ・ノース・フェイス人気過熱 ●ZOZO スーツ話題 ●ユニクロ売上2兆円突破 ●ワークマンプラス2号店3号店を発表 ●グッチとコム・デ・ギャルソンのコラボバッグ発売	平昌オリンピック開催／西日本豪雨／安室奈美恵引退／映画「万引き家族」カンヌ映画祭最高賞／日産ゴーン会長逮捕
2019	●ユニクロパリ店で北斎ブルーヒット ●ワークマンプラス出店 ●ヤフーが ZOZO を子会社化 ●米フォーエバー21 が破綻	探査機はやぶさ2、小惑星リュウグウに着地成功／マリナーズ・イチロー引退宣言／天皇陛下即位／ゴルフ・渋野日向子が全英女子優勝／消費税 10％スタート
2020	●ジーユーとケイタマルヤマのコラボ発売 ●ルームウェア売上急増 ●米Jクルー破産手続き開始 ●ユニクロ　マスク販売開始 ●レナウン破産手続き開始 ●三井不動産 福岡に大型 SC 開発発表 ●米バーニーズ・ニューヨーク全店閉鎖	新型コロナウイルス感染拡大による緊急事態宣言の発出／九州豪雨／菅内閣誕生／『鬼滅の刃』100 億冊突破／嵐解散

索引

著者紹介

たかぎこういち

タカギ＆アソシエイツ代表。
東京モード学園講師。1952年大阪生まれ、奈良県立大学中退。
若くして服飾雑貨卸業を起業。22歳で単身渡欧し、法人化。
98年、現フォリフォリジャパンとの合弁会社取締役就任。のち、
オロビアンコ、リモワ、マンハッタンポーテージなどを無名か
ら短期間で大きな成功に導く。「東京ガールズコレクション」な
どのイベントにも多く参画。主な著書に「一流に見える服装術」
（日本実業出版社）、「アパレルは死んだのか」（総合法令出版）
など。
URL : http://www.takagui.net/

- ■装丁　　　　　　　　井上新八
- ■本文デザイン　　　　株式会社エディポック
- ■本文イラスト　　　　関上絵美・晴香
- ■担当　　　　　　　　橘浩之
- ■執筆協力（第6章）　吉村亜紀
- ■編集／DTP　　　　　株式会社エディポック

図解即戦力

アパレル業界のしくみとビジネスが
これ1冊でしっかりわかる教科書

2021年 5月25日　初版　第1刷発行
2024年 9月18日　初版　第3刷発行

著　者　　たかぎこういち
発行者　　片岡　巌
発行所　　株式会社技術評論社
　　　　　東京都新宿区市谷左内町21-13
　　　　　電話　03-3513-6150　販売促進部
　　　　　　　　03-3513-6185　書籍編集部
印刷／製本　株式会社加藤文明社

ISBN978-4-297-12090-0 C0036　　　　Printed in Japan

◆ お問い合わせについて

- ・ご質問は本書に記載されている内容に関するもののみに限定させていただきます。本書の内容と関係のないご質問には一切お答えできませんので、あらかじめご了承ください。

- ・電話でのご質問は一切受け付けておりませんので、FAXまたは書面にて下記問い合わせ先までお送りください。また、ご質問の際には書名と該当ページ、返信先を明記してくださいますようお願いいたします。

- ・お送りいただいたご質問には、できる限り迅速にお答えできるよう努力いたしておりますが、お答えするまでに時間がかかる場合がございます。また、回答の期日をご指定いただいた場合でも、ご希望にお応えできるとは限りませんので、あらかじめご了承ください。

- ・ご質問の際に記載された個人情報は、ご質問への回答以外の目的には使用しません。また、回答後は速やかに破棄いたします。

◆ お問い合わせ先

〒162-0846
東京都新宿区市谷左内町21-13
株式会社技術評論社　書籍編集部
「図解即戦力
アパレル業界のしくみとビジネスが
これ1冊でしっかりわかる教科書」係
FAX：03-3513-6181
技術評論社ホームページ
https://book.gihyo.jp/116